Olivier Guye

Modélisation Hiérarchique de Données Multidimensionnelles

Olivier Guye

Modélisation Hiérarchique de Données Multidimensionnelles

Principes de Base

Presses Académiques Francophones

Impressum / Mentions légales
Bibliografische Information der Deutschen Nationalbibliothek: Die Deutsche Nationalbibliothek verzeichnet diese Publikation in der Deutschen Nationalbibliografie; detaillierte bibliografische Daten sind im Internet über http://dnb.d-nb.de abrufbar.
Alle in diesem Buch genannten Marken und Produktnamen unterliegen warenzeichen-, marken- oder patentrechtlichem Schutz bzw. sind Warenzeichen oder eingetragene Warenzeichen der jeweiligen Inhaber. Die Wiedergabe von Marken, Produktnamen, Gebrauchsnamen, Handelsnamen, Warenbezeichnungen u.s.w. in diesem Werk berechtigt auch ohne besondere Kennzeichnung nicht zu der Annahme, dass solche Namen im Sinne der Warenzeichen- und Markenschutzgesetzgebung als frei zu betrachten wären und daher von jedermann benutzt werden dürften.

Information bibliographique publiée par la Deutsche Nationalbibliothek: La Deutsche Nationalbibliothek inscrit cette publication à la Deutsche Nationalbibliografie; des données bibliographiques détaillées sont disponibles sur internet à l'adresse http://dnb.d-nb.de.
Toutes marques et noms de produits mentionnés dans ce livre demeurent sous la protection des marques, des marques déposées et des brevets, et sont des marques ou des marques déposées de leurs détenteurs respectifs. L'utilisation des marques, noms de produits, noms communs, noms commerciaux, descriptions de produits, etc, même sans qu'ils soient mentionnés de façon particulière dans ce livre ne signifie en aucune façon que ces noms peuvent être utilisés sans restriction à l'égard de la législation pour la protection des marques et des marques déposées et pourraient donc être utilisés par quiconque.

Coverbild / Photo de couverture: www.ingimage.com

Verlag / Editeur:
Presses Académiques Francophones
ist ein Imprint der / est une marque déposée de
OmniScriptum GmbH & Co. KG
Heinrich-Böcking-Str. 6-8, 66121 Saarbrücken, Deutschland / Allemagne
Email: info@presses-academiques.com

Herstellung: siehe letzte Seite /
Impression: voir la dernière page
ISBN: 978-3-8416-3562-4

MODELISATION HIÉRARCHIQUE

DE DONNÉES MULTIDIMENSIONNELLES

DANS DES ESPACES RÉGULIÈREMENT DÉCOMPOSÉS

TOME 1 : PRINCIPES DE BASE

(1984 – 1988)

- 2015 -

Olivier Guye

Sommaire

Introduction 11

I - Historique 13

II – Modélisation hiérarchique de données numériques 15

    II.1 - Présentation 15

    II.2 - Allocation séquentielle : les listes linéaires 17

    II.3 - Allocation indexée : les listes chaînées 18

    II.4 - Emulation d'un 2^k-arbre par un arbre binaire 19

    II.5 - Encombrement et considérations arithmétiques sur les 2^k-arbres 20

    II.6 - Interprétation géométrique des 2^k-arbres 21

    II.7 - Distance d'édition entre arbres 22

III – Génération d'arbres modélisant des ensembles de données multidimensionnelles 25

    III.1 - Représentation d'un vecteur 25

    III.2 - Génération de l'arbre d'un ensemble de vecteurs 27

    III.3 - Opérateur d'accès aux arbres et algorithmique associée 28

    III.4 - Opérations booléennes sur les arbres 29

    III.5 - Calculs en limite inductive 31

IV – Transformations géométriques 35

    IV.1 - Arbre d'un polytope 35

    IV.2 - Transformé homographique d'un 2^k-arbre 40

V - Segmentation 45

    V.1 - Recherche des adjacences 45

    V.2 - Etiquetage des composantes connexes 52

VI – Calcul d'attributs 55

    VI.1 - Moments généralisés et arbres propres 55

    VI.2 - Reconnaissance des formes 60

Conclusion 65

Bibliographie 67

Glossaire 75

Annexe : algorithmes en modélisation hiérarchique 93

1. Gestion de structures quelconques 93

    1.1. Destruction d'une structure quelconque 94

    1.2. Destruction d'une structure de type liste 94

    1.3. Destruction d'une structure de type arbre 95

    1.4. Copie d'une structure quelconque 96

    1.5. Copie d'une structure de type liste 96

    1.6. Copie d'une structure de type arbre 97

    1.7. Calcul de la longueur d'une structure quelconque 98

    1.8. Calcul de la longueur d'une structure de type liste 98

    1.9. Calcul de la longueur d'une structure de type arbre 99

2 . Génération d'arbres par addition de vecteur 101

    2.1. Addition d'un vecteur entier à un arbre 102

    2.2. Addition d'un vecteur réel normalisé à un arbre 103

3. Opérations booléennes 105

    3.1. Assertion d'un arbre binaire 106

    3.2. Négation d'un arbre binaire 107

    3.3. Réunion des deux arbres binaires 108

    3.4. Intersection des deux arbres binaires 109

    3.5. Exclusion des deux arbres binaires 110

    3.6. Différence des deux arbres binaires 111

4. Manipulation de coupes parallèles aux axes 113

    4.1. Extraction d'une coupe parallèle aux axes 114

    4.2. Insertion d'une coupe parallèle aux axes 115

5. Construction de l'arbre d'un polyèdre 117

5.1.   Construction de l'arbre d'un polyèdre défini par ses sommets et ses faces...................... 118

5.2.   Evaluation de l'intersection de deux polyèdres convexes 119

5.3.   Evaluation de la position d'un polyèdre par rapport à un hyperplan 121

5.4.   Division d'un polyèdre défini par ses sommets en deux demi-polyèdres........................... 122

5.5.   Division d'un polyèdre défini par ses faces en deux demi-polyèdres 123

6.   Transformé homogène d'un arbre 125

6.1.   Calcul du transformé d'un arbre par une transformation homogène 126

6.2.   Calcul du transformé d'un arbre par une transformation homogène (version rapide)...... 129

7.   Compléments aux transformations géométriques 133

7.1.   Calcul de l'arbre symétrique à un arbre 134

7.2.   Elimination des parties cachées dans un arbre le long d'une dimension 135

7.3.   Parcours d'un arbre avec élimination des nœuds selon la direction d'élimination 136

7.4.   Cumul des plans orthogonaux à l'axe de vision pour réaliser une projection 138

8.   Recherche des adjacences.. 141

8.1.   Recherche des adjacences sur les objets de l'espace 142

8.2.   Initialisation de la recherche des symétries selon un vecteur de symétrie donné........... 143

8.3.   Recherche des adjacences selon un vecteur de symétrie donné 144

9.   Etiquetage d'un arbre et extraction des arbres segments 147

9.1.   Etiquetage des composantes connexes d'un arbre.. 147

9.2.   Recherche des classes d'adjacences dans un arbre 148

9.3.   Analyse d'une composante connexe... 149

9.4.   Etiquetage d'un arbre... 150

9.5.   Construction des arbres segments déduits des composantes connexes d'un arbre étiqueté
151

9.6.   Extraction dans un arbre d'une composante connexe... 152

10.   Calcul de la liste des moments généralisés d'un arbre 153

10.1.   Calcul de la liste des moments d'un arbre 154

10.2. Initialisation de la liste des moments de l'espace unitaire 156

10.3. Calcul de la liste des moments du fils d'un nœud 157

10.4. Cumul des moments des fils d'un nœud 160

11. Centrage et normalisation d'une liste de moments généralisés 161

11.1. Génération de la liste centrée d'une liste de moments 162

11.2. Génération de la liste normalisée des moments et de la matrice de rotation 164

11.3. Génération de la liste normalisée des moments 166

12. Génération d'un arbre propre 167

12.1. Génération de l'arbre propre d'un arbre 168

12.2. Génération de l'arbre propre d'un arbre (version rapide) 170

Table des illustrations

Figure 1 : Arbre quaternaire d'une image binaire plane 16

Figure 2 : Découpage d'une image binaire 3D en octants... 17

Figure 3 : Exemple de chaînage par filiation simple 19

Figure 4 : Représentation d'un arbre quaternaire par un arbre binaire 19

Figure 5 : Format d'un vecteur normalisé 25

Figure 6 : Liste circulaire d'un vecteur.. 26

Figure 7 : Structure d'un arbre binaire 28

Figure 8 : Modélisation d'un polytope 36

Figure 9 : Transformés particuliers d'un hypercube 37

Figure 10 : Division récursive d'un cube.. 38

Figure 11 : Division d'un polytope 39

Figure 12 : Calcul du transformé homographique d'un ensemble.. 42

Figure 13 : Degré d'adjacence selon l'espace métrique employé 46

Figure 14 : Recherche d'un ancêtre commun dans un arbre quaternaire 46

Figure 15 : Recherche des d_1-adjacences dans un 4-arbre représenté par un arbre binaire 47

Figure 16 : Recherche des d_∞-adjacences dans un arbre binaire 49

Figure 17 : Reconnaissance des formes spectrale.. 61

Figure 18 : Base de données des arbres propres 62

Figure 19 : Reconnaissance des formes corrélatives.. 63

Liste des tableaux

Tableau 1 : Correspondance des opérateurs entre liste et arbre.. 29

Introduction

Les travaux présentés ci-après ont été réalisés dans le cadre d'une étude à moyen terme initiée par le Centre Electronique de l'Armement et menée par la société de recherche sous contrat ADERSA (agrément ANVAR n°B7911050W).

ADERSA est alors une petite et moyenne entreprise réalisant des travaux de recherche appliquée dans le domaine de l'automatique des processus continus. Elle a été fondée par le Dr Jacques Richalet, qui est considéré comme l'un des pionniers de la commande prédictive par modèle interne et qui a reçu le Nordic Process Control Award en 2007 pour ses contributions importantes en contrôle de processus tout au long de sa carrière. ADERSA a ainsi développé différentes méthodologies associées à la commande prédictive par modèle interne s'appliquant aussi bien à la commande de processus rapides (asservissements en robotique) comme à des procédés lents (traitements par lots dans l'industrie pétrochimique). En complément de ces deux secteurs de base, ADERSA a créée d'autres secteurs d'activité associés comme la modélisation économique, le diagnostic de pannes, l'analyse d'images et la résolution de problèmes reposant sur des techniques similaires.

De son côté le CELAR était déjà impliqué dans l'étude et le développement de simulateurs de vol et entrevoyait que les systèmes de commandement du futur devraient reposer sur une modélisation poussée des environnements d'intervention et nécessiteront l'emploi d'outils de résolution de problèmes pour mener à bien des missions de différentes natures :

- la maîtrise de la modélisation d'objets numériques multidimensionnels conditionne le développement des systèmes modernes dans beaucoup de domaines ;
- conception, fabrication assistées par ordinateur, robotique, analyse et synthèse d'image, reconnaissance des formes, aide à la décision, cartographie, bases de données ;
- les besoins en acquisition, traitement, visualisation et transmission d'informations de nature bi ou tridimensionnelle sont connus, mais existent aussi pour des données multidimensionnelles.

De son côté, ADERSA venait de mettre au point une nouvelle technique de modélisation fondée sur une régression multiple par morceaux basée par un découpage récursif des données orthogonalement au grand axe d'inertie par l'hyperplan passant au centre de gravité du nuage de points. Le résultat de ce découpage organisait les données de modélisation sous la forme d'un arbre binaire où les données sont regroupées en sous-ensembles de données voisines suivant le même modèle linéaire à une erreur d'approximation donnée.

Dans le cadre de l'étude proposée, le CELAR souhaitait plutôt s'intéresser à des techniques de découpage régulier qui sont plus aisées à mettre en œuvre et qui peuvent avoir un spectre d'utilisation plus large que la régression linéaire multiple par morceaux :

- les principes de décomposition hiérarchique régulière étaient déjà appliqués avec succès dans des espaces à deux ou trois dimensions sous la forme des quadtrees et des octtrees ;
- ces méthodes semblaient pouvoir s'étendre à un espace de dimension quelconque pour indexer des données dans une base de données multidimensionnelle avec les kd-trees.

Ces travaux d'étude ont été menés au cours de deux conventions de recherche CELAR-ADERSA n° 005/41/84 et n°004/41/88 et ont été à la source d'autres travaux portant sur l'évaluation de cette méthodologie à différents domaines d'application.

Les résultats présentés dans le présent document portent essentiellement sur les travaux réalisés lors de la première étude. Et ont fait l'objet d'une publication en deux parties.

[1] J. Richalet, A. Rault, R. Pouliquen. Identification des processus par la méthode du modèle. Théorie des Systèmes, Volume 4, Gordon & Breach, 1968.

[2] J. Richalet. Pratique de la commande prédictive. Adersa, Hermès, 1993.

[3] B. Tardieu. Caractérisation des systèmes non-linéaires par la méthode du fichier-modèle. Thèse de doctorat de l'Université Paris 6, 1981.

[4] B. Kientz. Modélisation et simulation des systèmes dynamiques non-linéaires par la méthode du fichier-modèle. Thèse de doctorat de l'Université Paris 6, 1981.

[5] Ph. Villoing. Classification ascendante hiérarchique et indices de similarité sur données qualitatives nominales selon l'algorithme de vraisemblance du lien. Thèse de 3è cycle, Université de Rennes 1, 1980.

[6] O. Guye, J.-P. Dumoulin, F. Plain, Ph. Villoing, Modélisation hiérarchique de données multidimensionnelles dans des espaces régulièrement décomposés : Modélisation et transformation géométrique. Revue Scientifique et Technique de la Défense – 2è trimestre 1990.

[7] O. Guye, J.-P. Dumoulin, F. Plain, Ph. Villoing, Modélisation hiérarchique de données multidimensionnelles dans des espaces régulièrement décomposés : Reconnaissance des formes par 2k-arbres. Revue Scientifique et Technique de la Défense – 3è trimestre 1990.

I - Historique

L'emploi du paradigme "diviser pour conquérir" a permis de mettre en œuvre des algorithmes vérifiant les bornes optimales pour certains problèmes classiques, comme le tri ou le calcul d'une enveloppe convexe ([KNUTH 73], [AHO 74], [PREPARATA 77], [PREPARATA 84]). Il consiste à diviser un problème qu'on ne peut résoudre directement en sous-problèmes et à itérer cette démarche jusqu'à ce que tous les problèmes soient résolus. Lorsque le problème à résoudre est divisé en deux, la structure de données associée à la gestion des données est un arbre binaire.

Pour résoudre le problème de l'élimination des parties cachées lors de l'affichage sur écran plan d'un objet tridimensionnel, WARNOCK a employé un arbre quaternaire en appliquant cette démarche ([WARNOCK 69], [SUTHERLAND 74B], [NEWMAN 75]). A ce titre, il est considéré comme l'inventeur de cette structure de données ; il est aujourd'hui plus connu pour sa participation à l'élaboration du langage de mise en page typographique POSTSCRIPT.

La première référence importante communément signalée est l'article de KLINGER et DYER ([KLINGER 76]) portant sur l'analyse de cette structure et des propriétés de symétrie. Ces travaux sur l'identification de symétries dans une structure seront approfondis avec la collaboration d'ALEXANDRIDIS ([ALEXANDRIDIS 78, 84]), et initieront les études sur la recherche des adjacences et l'étiquetage des composantes connexes.

Les propriétés remarquables des arbres quaternaires sont alors mises en évidence, il s'agit d'une structure de données :

- dont le taux de compression est au moins équivalent au codage de trains ([DYER 82]);
- qui se prête aisément à la réalisation d'opérateurs booléens, l'homothétie par pas de 2, de translation et de rotation par pas de 90° ([OLIVER 83a, 86b]).

Les arbres quaternaires sont implantés selon deux modes de représentation informatique : en liste chaînée ou en code linéaire. C'est dans ce dernier mode que l'on obtient les plus faibles encombrements, mais aussi où les contraintes algorithmiques sont les plus sévères (l'accès à une information nécessite le parcours complet du code).

Les codes linéaires se divisent en deux classes :

- les codes d'arbres, où l'ensemble des nœuds de l'arbre sont codés selon un parcours spécifique ;
- les codes de feuilles ou seuls les nœuds terminaux sont codés et regroupés en une collection.

Deux chercheurs se distinguent par leurs productions : SAMET à l'Université du Maryland et GARGANTINI au Canada. GARGANTINI a étudié les arbres quaternaires et leur extension tridimensionnelle, les arbres octernaires, sous la forme de codes de feuilles ([GARGANTINI 82a - 86b]). SAMET s'est principalement intéressé aux arbres quaternaires représentés par des listes chaînées ([SAMET 79 - 85e]).

Ces deux chercheurs ont plus particulièrement résolus le problème de la recherche des adjacences et de l'étiquetage des composantes connexes. SAMET a réalisé une procédure calculant les axes médians d'un ensemble ([SAMET 82b], [SAMET 83]) et a mis au point un système d'information cartographique ([SAMET 84c]).

Sous la direction de ROSENFELD s'est instaurée à l'Université de Maryland une véritable école sur l'étude des structures hiérarchiques en analyse d'images ([ROSENFELD 80 -84b]). De nombreux chercheurs ont ainsi collaboré avec SAMET : DYER en recherche des adjacences ([DYER 82]), RANADE en filtrage et calcul d'attributs ([RANABE 81a - 82]), SHNEIER ([SCNEIER 81a - 8 lb]) et TAMMINEN ([TAMMINEN 84a - 84b]).

Les arbres ne se prêtent pas aisément aux transformations linéaires : homothétie, translation et rotation d'un angle quelconque. HUNTER et STEIGLITZ ont analysé le problème ([HUNTER 79a - 79b]) et MEAGHER le résoudra en y intégrant la perspective pour réaliser un système de visualisation d'images tomographiques ([MEAGHER 80 - 82c]). Ces travaux seront repris sur les codes de feuille par VAN LIEROP ([VAN LIEROP 86]). Ils ont permis d'offrir un nouvel outil pour modéliser l'espace de configuration d'un robot mobile et de traiter le problème de l'évitement d'obstacle ([FAVERJON 84], [LOZANO-PEREZ 85], [HONG 85]).

YAU et SRIHARI ont étudié la reconstruction d'images tomographiques à partir de coupes parallèles, l'extraction de coupes aléatoirement positionnées, le calcul d'une enveloppe convexe ([SRIHARI 81], [YAU 81 - 84]).

BENTLEY s'intéressera avec succès à la gestion arborescente de bases de données numériques multidimensionnelles ([BENTLEY 75 - 80]). YAU et SRIHARI analysèrent la possibilité de modéliser des images de dimension quelconque ([YAU 83]). CHAUDHURI étudia les arbres multidimensionnels comme technique de classification et de reconnaissance des formes ([CHAUDHURI 85]). En classification de données, de nombreux parallèles ont été faits avec le balayage de PEANO et les méthodes de partitionnement.

En compression d'images de taux de compression supérieurs aux méthodes classiques ont pu être obtenus ([PAVEL 85], [KUNT 87]). En éléments finis, les arbres quaternaires et octernaires ont été employés pour réaliser la génération automatique de maillage ([YERRI 83], [SHEPARD 85a - 85b]). Plusieurs auteurs signalent que cette structure de modélisation permet de paralléliser les algorithmes développés.

Deux ouvrages de synthèse présentent les résultats obtenus sur des arbres quaternaires ou octernaires et les pyramides ([TANIMOTO 80], [ROSENFELD 84b]).

II – Modélisation hiérarchique de données numériques

II.1 - Présentation

Le principe consiste à représenter l'objet qu'on cherche à modéliser par une boîte de forme fixée au niveau le plus élevé, puis à découper cette boîte en sous-boîtes selon une procédure figée et à appliquer de manière récursive ce principe de découpage sur chacune des sous-boîtes soit jusqu'à rencontrer des boîtes de valeur uniforme, soit jusqu'à avoir atteint la résolution de représentation désirée.

Considérons une image binaire plane, elle peut être divisée en quatre quadrants :

- nord-ouest,
- nord-est,
- sud-est,
- sud-ouest.

Chacun de ces quadrants peut avoir une couleur binaire uniforme (0 ou 1) ou non. Les quadrants qui n'ont pas une couleur uniforme sont alors à nouveau divisés.

La figure ci-dessous schématise ce processus de découpage et montre qu'un graphe de degré extérieur 4 (nombre de fils d'un nœud) est ainsi généré : un arbre quaternaire.

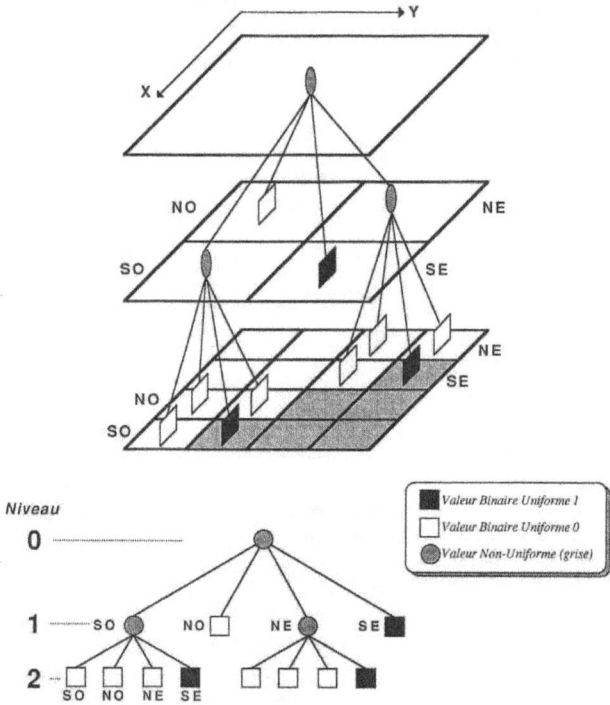

Figure 1 : Arbre quaternaire d'une image binaire plane

Le même processus de construction peut être adapté aux images binaires en 3 dimensions pour produire un arbre octernaire.

Les quadrants deviennent des octants pour prendre en compte la division supplémentaire (en hauteur), ils sont au nombre de huit :

- bas-nord-ouest,
- haut nord-ouest,
- •
- •
- •
- bas-sud-est.

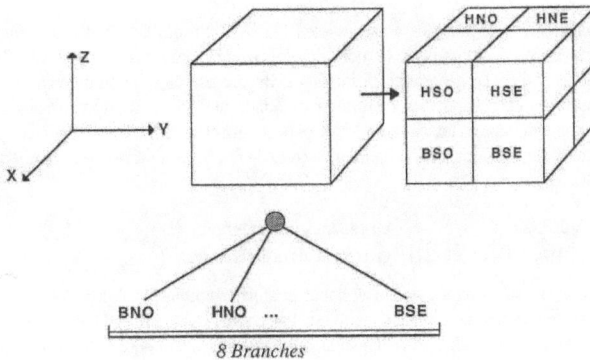

Figure 2 : Découpage d'une image binaire 3D en octants

On remarque que ce découpage peut se généraliser pour un nombre $k \geq 1$ de dimensions. On obtiendra alors un arbre de degré extérieur 2^k. Par exemple, un signal binaire monodimensionnel, pourra être représenté par un arbre binaire, une séquence temporelle d'images tridimensionnelles binaires par un arbre de degré 16.

Les objets modélisés par un 2^k-arbre doivent être représentables dans un univers où chacune des k dimensions sont discrétisées sur le même sous-ensemble de N : $\{0,...,2^r - 1\}$, r étant le niveau de filiation maximum atteignable dans l'arbre. Les 2^k-arbres sont des arbres complets.

II.2 - Allocation séquentielle : les listes linéaires

Deux principes sont le plus souvent utilisés.

Le premier, un code d'arbre, offre le meilleur taux de compression d'information. Le codage est réalisé en enregistrant séquentiellement la couleur de tous les nœuds de l'arbre selon un parcours imposé. Par exemple, si les couleurs blanche, noire et grise sont codées 0, 1, 2 (2 bits de codage), le 4-arbre de la figure 1, s'exprimera comme les chaînes de caractères :

   – 0 0 0 1 2 0 0 0 0 1 2 1 2   en ordre post-fixé,
   – 2 2 0 0 0 1 0 2 0 0 0 1 1   en profondeur d'abord.

L'inconvénient majeur de cette structure de données est qu'il faut lire la chaîne codée depuis le début pour accéder à un nœud quelconque.

Le second principe, utilisé en allocation séquentielle, sont les codes de feuilles. Ici le codage ne privilégie plus la couleur d'un nœud, mais sa position dans l'espace de discrétisation. Le codage résultant offre une moins bonne compression que les codes d'arbres, mais procure des accès plus rapides en effectuant une recherche par un tri dichotomique sur la liste ainsi générée et permise par la relation d'ordre induite par le codage.

L'alphabet de codage utilisé pour les 4-arbres est (0, 1, 2, 3, X), où 0, 1, 2, 3 désignent les quatre quadrants de la décomposition et X le non développement d'un nœud terminal à un niveau intermédiaire dans l'arbre. La génération des codes s'effectue par duplication du code du nœud non terminal à décomposer et concaténation du numéro du quadrant de décomposition. En observant que le code des nœuds terminaux inclut ceux de leurs pères, ceux-ci ne sont pas conservés dans la liste résultante. En reprenant l'exemple de la figure 1, le code de feuille produit par cette méthode serait, si l'on code (SO, NO, NE, SE) par (0, 1, 2, 3) :

- (03, 23, 3X}   en codant les nœuds noirs
- (00, 01, 02, 1X, 20, 21, 22}   en codant les nœuds blancs

Chacune de ces listes est ordonnée pour l'alphabet quaternaire utilisé et la fonction de composition employée. Les arbres traités ne sont plus complets. Par contre chaque nœud inclut dans son code le chemin qui le relie à la racine de l'arbre. Le codage quaternaire a son équivalent octernaire pour les arbres octernaires.

II.3 - Allocation indexée : les listes chaînées

Dans un arbre, il existe deux relations d'ordre partiel :

- l'ordre de filiation,
- l'ordre d'aînesse.

L'ordre de filiation est communément intégré en premier lieu dans les listes arborescentes.

Si l'on désire gérer un arbre selon ce seul ordre, il est nécessaire d'associer à chaque élément de l'arbre, un nombre de liens de succession équivalent au nombre maximum de fils qu'il peut admettre.

Si l'on se restreint au déplacement aval, il faudra :

- deux successeurs pour un arbre binaire, généralement appelés fils gauche et droit,
- quatre successeurs pour un 4-arbre,
- 2^k successeurs pour un 2^k-arbre.

Si l'on désire disposer des déplacements aval et amont, un seul pointeur complémentaire suffit et cela quelque soit l'arbre : le père.

En reprenant l'exemple de la figure 1, nous obtiendrons les listes chaînées de la figure 3. Sur cet exemple, on remarque que plus de la moitié de l'occupation mémoire est utilisée par les liens des fils des nœuds terminaux. Ces données n'ont réellement aucun pouvoir informatif et constituent de l'espace mémoire perdu mais nécessaire pour assurer la cohérence de la construction. En général, les nœuds terminaux sont implantés autrement pour minimiser l'encombrement en mémoire.

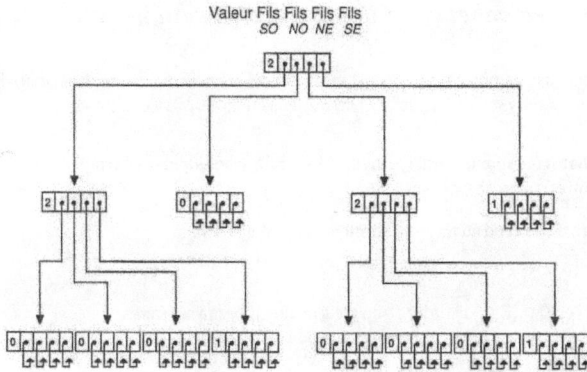

Figure 3 : Exemple de chaînage par filiation simple

II.4 - Emulation d'un 2^k-arbre par un arbre binaire

La relation d'ordre d'aînesse permet de représenter un 2^k-arbre par un arbre binaire. Elle ne consiste plus à réaliser un découpage quadrant par quadrant ou octant par octant, mais à un découpage médian selon chacune des dimensions de l'espace, prises séquentiellement l'une après l'autre.

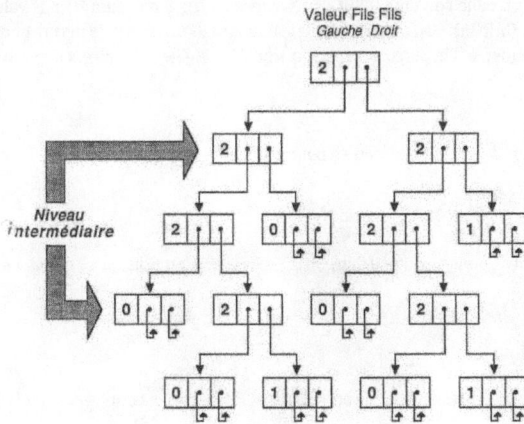

Figure 4 : Représentation d'un arbre quaternaire par un arbre binaire

II.5 - Encombrement et considérations arithmétiques sur les 2^k-arbres

Un 2^k-arbre modélise un univers de dimension k. Si r est le niveau maximum de filiation dans l'arbre, chacune des dimensions est alors paginée sur le sous-ensemble de $N : \{0,...,2^r -1\}$.

Une numérotation couramment utilisée pour désigner les nœuds dans l'arbre préservant les deux ordres de filiation et d'aînesse est la suivante :

numéro d'un nœud au niveau de profondeur r dans l'arbre :

$$\sum_{i=1}^{r} \left(2^{k(i-1)} s(i)\right),$$

où $s(i) \in \{0,...,2^k -1\}$ ordre d'aînesse d'un nœud parmi ses frères,
où $\{s(i), i = 1,...,r\}$ est le parcours dans l'arbre permettant d'atteindre le nœud considéré au niveau r,
et où $2^{k(i-1)}$ est l'ordre de filiation du niveau i.

Cette numérotation génère un ordre total sur les nœuds de l'arbre. Il est induit par un parcours en largeur sur un arbre complet et total jusqu'au niveau r.

Il faut noter que la somme s'interprète comme une concaténation et que l'arithmétique déduite est une arithmétique sur des nombres à longueur variable. Ainsi, le premier fils 0 de la racine et le parcours 00..0 jusqu'au niveau r ne représentent pas la même valeur. Le code d'arbre 0 représente l'ensemble vide.

Le code d'arbre 22210 ou le parcours 0000 représente la valeur 0 ou l'intervalle de valeurs $\left[0, 2^{-4}\right[$ à une précision infinie. GARGANTINI montre que cette numérotation permet de retrouver directement les coordonnées du sommet de l'hypercube le plus proche de l'origine de l'univers et par conséquent son centre.

Un hypercube dans un 2^k-arbre au niveau r a pour volume $\dfrac{1}{2^{kr}}$ lorsqu'on assimile l'univers modélisé à l'hypercube normalisé $[0,1]^k$.

Le nombre maximum de nœuds contenu dans un 2^k-arbre développé jusqu'au niveau r est :

$$\sum_{i=0}^{r} 2^{ki} = \frac{2^{k(r+1)}-1}{2^k -1} \approx 2^{kr}$$

Lorsque ce 2^k-arbre est représenté par un arbre binaire, le nombre maximum de nœuds devient :

$$\sum_{i=0}^{kr} 2^i = 2^{kr+1} -1$$

On remarque que l'arbre binaire aura près du double de nœuds d'un 2^k-arbre. Sachant que dans un arbre binaire, le nombre de fils vaut toujours deux, un arbre quaternaire est à peu près aussi encombrant que sa représentation par arbre binaire et pour tout espace de dimension k > 3 un arbre binaire sera moins encombrant qu'un 2^k-arbre pour une implémentation en liste chaînée.

II.6 - Interprétation géométrique des 2^k-arbres

Les 2^k-arbres s'appliquent à des espaces multidimensionnels binaires. SRIHARI les interprète comme la représentation de la fonction caractéristique des objets présents dans l'espace à modéliser.

Après division de l'espace, celui-ci est un ensemble d'éléments unitaire V sur lequel l'objet modélisé est représenté par la fonction $f : \{v\} \to \{0,1\}$ telle que :

- l'objet est l'ensemble $S = \{v \,/\, f(v) = 1\}$,
- le fond de l'univers sur lequel est décrit l'objet est l'ensemble $\overline{S} = \{v \,/\, f(v) = 0\}$.

Afin de prendre en compte les données multivalentes, la représentation s'étend au formalisme suivant :

soient $f_1, f_2, ..., f_n$ des fonctionnelles définies sur $(u_1, u_2, ..., u_m)$, on définira la fonction caractéristique :
$$\delta : (u_1, u_2, ..., u_m, f_1(u_1, u_2, ..., u_m), ..., f_m(u_1, u_2, ..., u_m)) \to \{0,1\}$$
où la valeur 1 est prise lorsque le (m + n)-uplet existe et la valeur 0 dans le cas contraire.

L'ensemble $S = \{v \,/\, \delta(v) = 1\}$ sera l'objet numérique modélisé et $\overline{S} = \{v \,/\, \delta(v) = 0\}$ le fond de l'univers.

La modélisation arborescente suppose qu'on puisse découper de manière régulière l'objet sur chacune de ces dimensions :

- soit sur le sous-ensemble des entiers naturels $\{0, 1, ..., 2^r - 1\}$,
- soit sur le sous-ensemble des nombres rationnels $\left\{0, \dfrac{1}{2^r}, ..., \dfrac{2^r - 1}{2^r}\right\}$

ou toute variation entre ses deux représentations.

La fonction δ est alors définie sur l'ensemble approximé à la précision r $\left\{0, \dfrac{1}{2^r}, ..., \dfrac{2^r - 1}{2^r}\right\}^{n+m}$ de l'hypercube unitaire $[0,1[^{n+m}$.

En ne distinguant plus les fonctionnelles des variables sur lesquelles elles s'appliquent, un 2^k-arbre décrira un objet sur l'univers digital $\left\{0, \dfrac{1}{2^r}, ..., \dfrac{2^r - 1}{2^r}\right\}^{k}$

Ainsi une image bidimensionnelle multi-niveaux aura pour fonction caractéristique :

$\delta(x, y, lu\min escence) \to \{0,1\}$ et pour représentation un 8-arbre.

De même une image bidimensionnelle en couleur pourra être directement représentée par un 2^5-arbre pour prendre en compte ses trois composantes fondamentales.

Emuler un 2^k-arbre par un arbre binaire induit certaines modifications à ce schéma. En effet le support de la fonction caractéristique de la précision r n'est plus représenté par l'ensemble :

$$\left\{0, \frac{1}{2^r}, ..., \frac{2^r - 1}{2^r}\right\}^k \text{, mais par } \left\{0, \frac{1}{2^{kr}}, ..., \frac{2^{kr} - 1}{2^{kr}}\right\}$$

dans le segment unitaire $[0,1[$.

Ceci est dû au fait que le découpage n'est pas réalisé en parallèle sur les k dimensions de l'espace, mais séquentiellement une dimension après l'autre. Ainsi le passage de la précision r à $r + 1$ s'effectue en examinant les 2^k valeurs possibles de :

$$\left(u_1 / 2, u_2 / 2, ..., u_k / 2\right) \text{ après avoir épuiser celles des niveaux antérieurs.}$$

Sur un arbre binaire, cette même opération consiste à évaluer le nombre :

$$u = u_1 / 2 + u_2 / 2^2 + ... + u_k / 2^k.$$

Un numéro d'un nœud à la profondeur r dans l'arbre aura pour valeur dans un 2^k-arbre:

$$\sum_{i=1}^{r} \left(2^{k(i-1)} s(i)\right)$$

où $s(i) \in \left\{0, ..., 2^k - 1\right\}$ est l'ordre d'aînesse d'un nœud parmi ses frères ;
et où $2^{k(i-1)}$ est l'ordre de filiation au niveau i.

Dans le cas d'un arbre binaire, le numéro d'un nœud à la profondeur r aura pour valeur :

$$\sum_{i=1}^{r} \left(2^i s(i)\right) \text{ où } s(i) \in \{0,1\}$$

II.7 - Distance d'édition entre arbres

Si nous posons le problème de manière lexicographique en calculant le coût minimum permettant de transformer un arbre A en un second arbre B. A chaque nœud d'un arbre est associée une étiquette, et pour éditer un arbre, trois opérations sont permises :

— le changement d'étiquette d'un nœud dans un arbre,
— l'insertion d'un sous-arbre dans un arbre,
— la suppression d'un sous-arbre dans un arbre.

Chaque opération a un coût positif.

La distance d'édition entre deux arbres est le coût minimum obtenu en transformant l'un des arbres en l'autre à l'aide de ces trois opérations. Si l'on applique ce formalisme à un ensemble k-dimensionnel représenté par un arbre binaire, on remarque :

- que les étiquettes des nœuds dans un arbre est l'alphabet blanc, noir, gris, représenté encore par,

$$\{ \, \square \, , \, \blacksquare \, , \, \odot \, \}$$

- que les arbres binaires sont complets : on ne peut développer partiellement un nœud,
- que les nœuds terminaux ont pour équivalents les arbres :

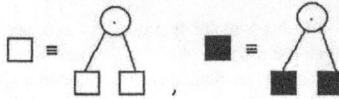

L'ensemble de toutes les parties sur tous les espaces de dimension quelconque est produit à partir de la grammaire suivante :

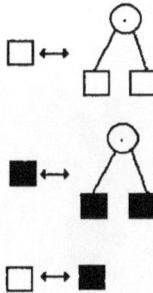

où les règles de dérivation sont bidirectionnelles. Ainsi sur les arbres binaires, l'insertion ou la suppression d'un nœud n'existe pas, seul le changement d'étiquette a une réalité.

Etant donné qu'un nœud d'une couleur se divise en deux nouveaux nœuds de la même couleur le coût d'une substitution à la profondeur $p+1$ dans l'arbre doit valoir moitié moins qu'à la profondeur p, le coût du changement d'étiquette si il vaut 1 à la racine de l'espace vaut au niveau p :

$$c_p \left(\square \longleftrightarrow \blacksquare \right) = \frac{1}{2^p}$$

Cette valeur est aussi l'hypervolume d'un 2^k-ant associé à un nœud à la profondeur p dans un arbre.

Sachant que les arbres binaires sont des phrases de longueur infinie et que l'on peut par conséquent les comparer directement nœud à nœud, la transformation de coût minimum est unique, est celle qui substitue nœud à nœud les étiquettes des nœuds différents entre eux dans un parcours parallèle des deux arbres.

Pour le coût de substitution présenté ci-dessus, le coût de cette transformation est égal à la masse du ou exclusif des deux ensembles modélisés, soit encore la mesure de Lebesgue de la différence des deux ensembles, c'est-à-dire la distance de Hausdorff appliquée aux ensembles modélisés par un 2^k-arbre :

$$d(A,B) = \mu(A \oplus B)$$

C'est aussi l'extension pondérée de la distance de Hamming appliquée aux codes d'arbres.

La topologie induite par les 2^k-arbres est moins fine que les topologies métriques communément utilisées. En effet si les valeurs 0 et 1/8 ont pour distance 1/8, les valeurs 3/8 et 4/8 ou 2/8 et 5/8 auront pour distance 7/8. Tout dépend de la hauteur de l'ancêtre commun des valeurs dans un arbre, ce qui induit la propriété d'ultramétricité de cette distance.

La distance de Hausdorff est une distance ultramétrique qui permet non pas de mesurer la distance entre deux points d'un espace, mais celle qui existe entre deux parties de ce même espace.

III – Génération d'arbres modélisant des ensembles de données multidimensionnelles

III.1 - Représentation d'un vecteur

Pour générer l'arbre d'un ensemble de données multidimensionnelles, nous supposerons que les données seront disponibles sous forme de vecteurs entiers de dimension k (cf. figure 5). Chaque composante du vecteur aura préalablement été normalisée entre $\left[0, 2^r -1\right]$, où r représentera la précision maximum des données manipulées. Ainsi si $u \in \left[0,2^{r-1}\right]^k$ est représenté par un tableau monodimensionnel $\{u(i),\ i =1,k\}$, chacune de ses composantes $u(i)$ aura pour description binaire :

$$u(i) = C_1 C_2 ... C_r \text{ où } C_j \in \{0,1\} \text{ pour } j =1,r$$

et désignera l'entier naturel non signé :

$$u(i) = C_1 \times 2^{r-1} + C_2 \times 2^{r-2} + ...C_r \times 2^0$$

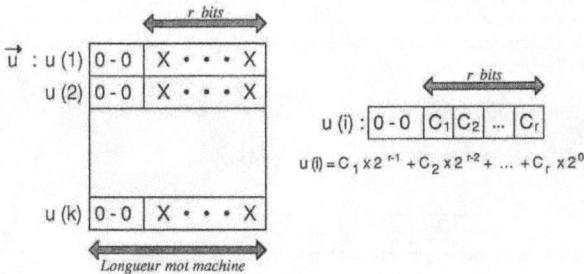

Figure 5 : Format d'un vecteur normalisé

Générer l'arbre binaire représentant le vecteur $\vec{u}$ dans l'espace discret à k dimensions

$\{0,1,\ ,2^{r-1}\}^k$, aussi assimilé à $\left\{ 0,\dfrac{1}{2^r},...,\dfrac{2^r -1}{2^r} \right\}^k$, revient :

— à la racine, à analyser le bit C_1 de la première composante $u(1)$ et à marquer blanc le fils gauche si C_1 vaut 1, le fils droit dans le cas contraire ;
— les bits C_1 étant épuisés, on revient à la composante $u(1)$ et l'on recommence avec le bit suivant C_2 ;
— on itère le processus jusqu'à la résolution r .

25

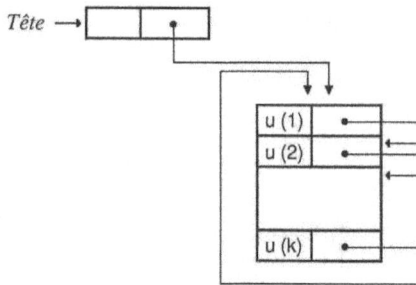

Figure 6 : Liste circulaire d'un vecteur

La génération s'applique à la précision maximum $k \times r$ dans l'espace :

$$\left\{ 0, \frac{1}{2^{kr}}, \ldots, \frac{2^{kr}-1}{2^{kr}} \right\}$$

Ce formalisme s'étend aux nombres réels normalisés. La division par 2 est employée pour extraire une représentation binaire des composantes du vecteur. Ainsi la génération de l'arbre d'un vecteur peut être formalisée par l'algorithme récursif suivant :

profondeur <— dimension * précision

racine <— arbre du vecteur (vecteur, 0, profondeur)

/* <u>Génération de l'arbre d'un vecteur</u> */

arbre du vecteur (vecteur, niveau profondeur)

<u>début</u>

    <u>si</u> (niveau = profondeur) <u>alors</u> <u>retour</u> (*arbre* (*noir*))

    <u>sinon faire</u>

        côté <- extraction du bit de poids fort et décalage à gauche de la coordonnée courante du vecteur

        <u>si</u> (côté = *gauche*)

        <u>alors</u> <u>retour</u> (*union des sous-arbres* (arbre du vecteur (*rotation* (vecteur), niveau + 1, profondeur), *arbre* (*blanc*))

        <u>sinon</u> <u>retour</u> (*union des sous-arbres* (*arbre* (*blanc*), arbre du vecteur (*rotation* (vecteur), niveau + 1, profondeur))

<u>fin</u>

<u>fin</u>

III.2 - *Génération de l'arbre d'un ensemble de vecteurs*

En modifiant l'algorithme précédent, il est possible de générer l'arbre décrivant un ensemble de vecteurs. Chaque vecteur décrit une réalisation de la fonction caractéristique que nous avons précédemment présentée. C'est-à-dire qu'un vecteur $\vec{u} = (u_1, u, ..., u_k)$ sera un élément $S = \{\vec{u} / \delta(\vec{u}) = 1\}$.

L'algorithme que nous proposons ne crée pas l'arbre d'un vecteur, mais enrichit l'arbre avec les réalisations d'un ensemble de vecteurs. Enrichir cette structure consiste à générer le parcours ou la portion de parcours non encore décrite par l'arbre lorsqu'on analyse la liste circulaire du vecteur.

L'initialisation de la génération d'un arbre est réalisée en créant un arbre de couleur blanche. Cette procédure génère un arbre avec deux nœuds blancs, c'est-à-dire l'ensemble $U = \{\forall \vec{u} / \delta(\vec{u}) = 0\}$, qui représente l'univers vide d'une dimension et à une précision quelconques. Cette initialisation a pour conséquence que quelque soit $\overline{S}$, tout parcours possible représentant $\overline{S}$ est déjà enregistré dans l'arbre. Ainsi seuls les parcours noirs non encore décrits sont à générer.

La fusion des parcours noirs symétriques, sur les retours des appels récursifs, permet d'agréger les nœuds de couleur uniforme.

racine <- *arbre* (*blanc*)

profondeur <- dimension * précision

addition d'un vecteur (racine, vecteur, 0, profondeur)

/* <u>Addition d'un vecteur à un arbre</u> */

addition d'un vecteur (racine, vecteur, niveau, profondeur)

<u>début</u>

   <u>si</u> (niveau = profondeur) <u>alors</u> *mise à noir* (racine)

   <u>sinon faire</u>

      côté <- extraction du bit de poids fort et décalage à gauche de la coordonnée courante du vecteur

      <u>si</u> (*terminal* (racine)) <u>alors</u> *fission* (racine)

      addition d'un vecteur (*fils* (racine, côté), *rotation* (vecteur), niveau + 1, profondeur)

      fusion (racine)

<u>fin</u>

<u>fin</u>

Cette procédure de génération d'arbre d'un ensemble de données multidimensionnelles par enrichissement d'une structure à plusieurs intérêts :

— elle est capable de prendre en compte des ensembles de données surabondants ;
— elle s'adapte à des flots de données ordonnés ou non.

III.3 - Opérateur d'accès aux arbres et algorithmique associée

L'algorithmique appliquée au 2^k-arbres, à laquelle nous nous sommes tenus, est construite sur le calcul récursif. Il privilégie les parcours en profondeur de structures arborescentes. Elle suit la définition d'un arbre de KNUTH qui le pose comme la concaténation récursive de sous-arbres. Ainsi tout opérateur récursif sera valide pour la racine d'un arbre, comme pour chacun de ses nœuds.

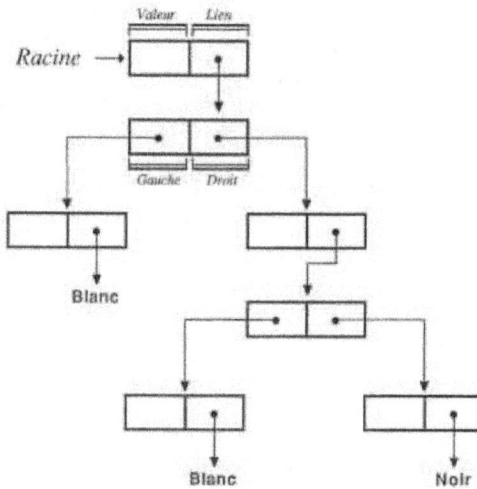

Figure 7 : Structure d'un arbre binaire

Un arbre vide n'aura pas de signification. Cette notion est remplacée par :

— un nœud blanc, comme représentant d'un ensemble vide à une dimension et une précision quelconque ;
— un nœud noir, comme représentant l'espace entier (ensemble plein) à une dimension et une précision quelconque.

C'est-à-dire par le fait qu'un nœud est terminal ou non. L'implémentation que nous avons mise en ouvre pour modéliser un nœud d'un arbre repose sur l'emploi de :

28

- deux doubles-mots pour un nœud non terminal ;
- un double-mot pour un nœud terminal.

Le premier double-mot contient les adresses des fils gauche et droit du nœud (les sous-arbres). Pour un nœud terminal, ce second mot est inutile car les adresses blanc et noir sont auto-référentes dans le système d'adressage employé. Sachant que tout nœud d'un arbre est la racine d'un nouvel arbre, on désignera par le mot racine l'adresse d'un nœud dans un arbre.

Les parcours employés sont des parcours en profondeur d'abord pour traiter les arbres. Ainsi, la production d'un arbre selon le mode de fonctionnement de l'opérateur utilisé ne peut se réaliser que de deux manières :

- par fission des nœuds, si la génération est effectuée lors de la descente dans les appels récursifs ;
- par fusion des nœuds, si la génération est effectuée sur le retour des appels récursifs.

La suppression d'un nœud dans un arbre n'a pas vocation d'être en tant que telle. Elle est remplacée par la suppression des sous-arbres filiaux et la mise à l'état terminal du nœud paternel.

Par contre pour minimiser le développement d'un arbre, un opérateur de fusion permet de transformer un arbre dont les deux fils sont isocolores en un nœud terminal de la couleur des fils.

On peut alors établir une analogie entre les opérations classiques de listes et ceux applicables aux arbres binaires, celle-ci est présentée par le tableau ci-dessous.

Opérateurs de listes	Opérateurs d'arbres
Création d'une liste	Création d'un arbre d'une couleur donnée (blanc/noir)
Test à vide	Test à l'état terminal d'un nœud
Successeur	Adresse du fils d'un côté donné (gauche/droit)
Insertion d'un élément	Fission d'un nœud en deux ou union de deux sous-arbres
Suppression d'un élément	Fusion d'un nœud non terminal
Destruction d'une liste	Destruction d'un arbre

Tableau 1 : Correspondance des opérateurs entre liste et arbre

III.4 - Opérations booléennes sur les arbres

De nombreux algorithmes réalisant des opérations booléennes sur des 4-arbres ou des 8-arbres ont été publiés. Les opérations booléennes sur les 2^k-arbres sont prises au sens de la théorie des ensembles.

Soient deux ensembles k-dimensionnels S_1 et S_2, et représentés par les arbres binaires, $arbre(S_1)$ et $arbre(S_2)$. Les opérations booléennes : et, ou, ou exclusif et non sont définies de la manière suivante :

- $arbre(S_1)$ et $arbre(S_2) \rightarrow arbre(S_3) \ / \ S_3 = S_1 \cap S_2$
- $arbre(S_1)$ ou $arbre(S_2) \rightarrow arbre(S_3) / S_3 = S_1 \cup S_2$
- $arbre(S_1)$ ou exclusif $arbre(S_2) \rightarrow arbre(S_3)) / S_3 = S_1 \oplus S_2$
- non $arbre(S_1) \rightarrow arbre(S_3) / S_3 = \overline{S_1}$

Lorsque les ensembles représentent des objets à k dimensions, l'opération booléenne "et" réalisera l'intersection des hypervolumes décrivant les objets, l'opération "ou" leur réunion.

Sachant qu'il a été pris comme convention d'implémentation des nœuds terminaux d'utiliser des valeurs auto-référentes, il n'y a pas à se préoccuper des problèmes induits par la comparaison de chemins de longueur inégale dans les arbres. Cette particularité permet de comparer deux arbres générés à des précisions différentes et de produire un nouvel arbre à une précision encore différente de celle des opérandes. Cela permet entre autre de créer un opérateur d'assertion qui produit une copie de l'arbre opérande à une précision différente de celle employée à la génération.

Lorsqu'un nœud non terminal est rencontré à la précision maximum de calcul, la convention a été prise de le traiter systématiquement comme un nœud noir. Ainsi les opérateurs mis en œuvre à précision variable, le sont au sens de l'enveloppe supérieure, c'est-à-dire que les arbres résultats seront emboîtés les uns dans les autres, la précision décroissant. Par exemple, la réunion de deux arbres modélisant deux objets dans un espace de dimension quelconque suit l'algorithme suivant :

```
profondeur <- dimension * précision

racine <— réunion (racine1, racine2, 0, profondeur)


/* Réunion de deux arbres binaires */

réunion (racine1, racine2, niveau, profondeur)

début

    si ((non terminal (racine1)) ou (non terminal (racine2)))

    et (niveau ≠ profondeur)) alors faire

    /*descente en profondeur des deux arbres*/

    racine <- union des sous-arbres (

    réunion (fils gauche(racine1), fils gauche(racine2), niveau+1, profondeur),

    réunion (fils droit(racine1), fils droit(racine2), niveau+1, profondeur))

    fin
```

```
sinon faire

    /*réunion des nœuds ainsi atteints*/

    si ((blanc(racine1)) et (blanc(racine2)))

        alors retour (arbre (blanc))

        sinon retour (arbre (noir))

    fin

    /*fusion des nœuds filiaux à la remontée dans l'arbre*/

    fusion (racine)

    retour (racine)

fin
```

III.5 - Calculs en limite inductive

Afin de mettre en œuvre une procédure qui préservera l'organisation topologique et la possibilité de comparer directement des arbres, nous proposons d'utiliser une structuration topologique initiale aux espaces représentant des données quelconques dans R^k.

Il faut d'abord remarquer que modéliser par un arbre un jeu de données sur $[0,1]^k$, c'est lui attribuer une structure d'algèbre borélienne. Cette structure est construite sur les atomes formés par les 2^k-ants issus du maillage de $[0,1]^k$ à la précision r.

Pour chaque point de $[0,1]^k$, on peut lui associer un système de voisinages fondamental constitué par l'atome qui le contient et l'ensemble des 2^k-ants associés aux nœuds paternels de la branche de l'arbre qui permet de la racine d'atteindre ce nœud : on obtient ainsi une suite de parties emboîtées dont la réunion forme l'hypercube unitaire.

Ce sont ces systèmes de voisinages fondamentaux qui, par analyse des symétries qu'ils nourrissent entre eux, permettront de déduire des ensembles modélisés les propriétés qu'ils partagent sous les topologies métriques d_1 et d_∞ et de les transformer tout en les respectant.

Chaque 2^k-ant de $[0,1]^k$ a une précision comprise entre 1 et r, c'est-à-dire toute branche de l'arbre initial, forme à son tour une algèbre borélienne à une précision intermédiaire incluse dans l'algèbre borélienne originale et partageant la même topologie restreinte à ce sous-ensemble.

De la même manière, toute algèbre construite comme réunion d'un nombre approprié de translatés de $[0,1]^k$ pour que celle-ci apparaisse comme homothétique à $[0,1]^k$ préservera à nouveau la topologie initiale de $[0,1]^k$, déduite de son système de voisinages.

31

Ainsi nous pouvons proposer un mode de construction d'arbre tel que R^k soit la limite inductive des algèbres homothétiques à l'hypercube unitaire et que les topologies de ces algèbres restent compatibles avec celles de leurs sous-algèbres, c'est-à-dire qu'une sous-algèbre apparaîtra toujours comme une branche de l'arbre d'une algèbre.

La méthode de construction mise au point est une adaptation de la génération d'arbre par enrichissement. Le principe est le suivant, lorsqu'un vecteur est ajouté à un arbre préexistant :

— si le vecteur n'est pas inclus dans l'espace initial alors les nouvelles limites de l'espace contenant ce vecteur sont calculées et l'arbre est étendu à ces nouvelles limites ;
— le vecteur est normalisé en fonction de ces limites, puis ajouté aux données présentes dans l'arbre.

Calculer les nouvelles limites de l'espace, c'est déterminer les coordonnées de l'hypercube homothétique d'une puissance de 2 de l'hypercube antérieur, contenant à la fois cet hypercube comme le nouveau vecteur de données. Ces nouvelles coordonnées valent :

— en valeurs entières :
$$x_{min,i} = d\left(\min\{x_{min,i}, x_i\}/d\right)$$
$$x_{max,i} = d\left(\min\{x_{max,i}, x_i\}/d + 1\right) - 1$$
— en valeurs réelles :
$$x_{min,i} = d \cdot \lfloor \min\{x_{min,i}, x_i\}/d \rfloor$$
$$x_{max,i} = d \cdot \lceil \max\{x_{max,i}, x_i\}/d \rceil$$
— où $d = 2^{\log_2(x_{max,i} - x_{min,i})}$ pour $i \in \{1,...,k\}$
— où $\{x_i\}_{i \in \{1,...,k\}}$ est le vecteur de données, et $\{x_{min,i}\}, \{x_{max,i}\}$ les extrémités de la première diagonale de l'hypercube ;
— et où $\lfloor \ \rfloor$ et $\lceil \ \rceil$ sont les arrondis par défaut et par excès pour l'évaluation d'une valeur entière.

Ce calcul est mis en œuvre par une procédure itérative qui converge vers la satisfaction de ces égalités.

La génération d'un arbre en limite inductive nécessite la mémorisation constante d'une information complémentaire, les limites de l'espace dans lequel a été construit le 2^k-arbre. Ces limites sont les sommets de l'hypercube de décomposition de l'arbre, qui est aussi l'hypercube de référence de l'ensemble modélisé par l'arbre.

Jusqu'ici les 2^k-arbres ont été systématiquement construits dans l'hypercube unitaire de l'espace à k dimensions.

Les constructions en limite inductive permettent de construire des arbres dans tout translaté de l'homothétique de l'hypercube unitaire. Pour comparer effectivement deux arbres générés dans des hypercubes de référence distincts, il est nécessaire de connaître ceux-ci.

Lorsqu'aux 2^k-arbres sont associés leurs hypercubes de référence, il est alors possible d'effectuer des opérations booléennes sur ceux-ci, même si leurs hypercubes ne sont pas égaux. En comparant les hypercubes de référence des opérandes, il est possible de connaître l'hypercube qui les contient et d'étendre les opérandes à ce nouvel hypercube. Les deux arbres étant étendus au nouvel espace, l'opération booléenne est appliquée et produit un arbre résultat dont l'hypercube de référence est l'hypercube calculé à partir de ceux des opérandes.

IV – Transformations géométriques

IV.1 - Arbre d'un polytope

Nous nous intéresserons à une classe particulière de polytopes (hyper-polyèdres), les transformés homographiques de l'hypercube unitaire. Ces polytopes ont :

- 2^k sommets (confondus ou non) ;
- $2k$ faces (parallèles pour les transformés linéaires de l'hypercube unitaire).

Ils peuvent être représentés par :

- la liste des vecteurs de coordonnées de leurs sommets ;
- la liste de leurs faces divisée en deux sous-listes, les faces minorantes, les faces majorantes (représentation duale).

Pour cette dernière représentation, le polytope se définit comme l'intersection des demi-espaces droits des faces minorantes avec les demi-espaces gauches des faces majorantes (cf. figure 8) :

- si $P_{\min 1}, P_{\min 2}, ..., P_{\min k}$ sont les équations des faces minorantes,
- et $P_{\max 1}, P_{\max 2}, ..., P_{\max k}$ celles des faces majorantes,

le polytope est alors l'ensemble :

$$\left\{ u \,/\, {}^t P_{\min 1} \cdot u \geq 0 \right\} \cap \left\{ u \,/\, {}^t P_{\min 2} \cdot u \geq 0 \right\} \cap ... \cap \left\{ u \,/\, {}^t P_{\max k} \cdot u \leq 0 \right\}$$

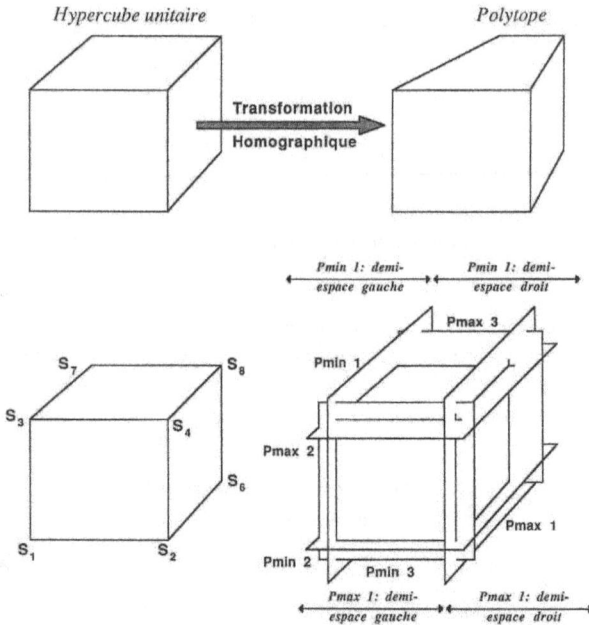

Figure 8 : Modélisation d'un polytope

Ainsi on peut obtenir les transformés particuliers (cf. figure 9) :

- le translaté du cube d'origine ;
- en appliquant des rotations centrées à l'origine de l'univers (rotation généralisée) ou au milieu de l'univers (rotation généralisée composée avec une translation et son inverse) ;
- l'équivalent d'un hyperplan de l'espace en appliquant une anamorphose de rapport 2^{-r} selon l'axe désiré, r étant la précision de calcul (cf. figure 9) ;
- une pyramide par une perspective dont le centre en sera le sommet ;
- une pyramide de vue d'une perspective, par troncature des plans de vue avant et arrière.

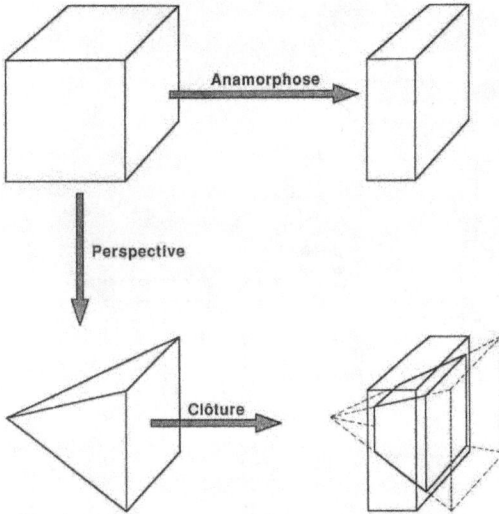

Figure 9 : Transformés particuliers d'un hypercube

La construction de l'arbre d'un polytope est fondée sur la division récursive de l'hypercube unitaire et le test d'intériorité du résultat dans le polytope.

Cette division récursive d'un parallélotope (l'hypercube) moitié par moitié s'étend à ses transformés homographiques (les polytopes). Cette division fient compte de l'ordre particulier dans lequel sont rangés :

— les sommets du polytope,
— les hyperplans du polytope.

Les sommets sont divisés par paquets de 2^{k-1}, 2^{k-2}, ..., 2 sommets selon les mêmes arrangements qu'une transformée de Fourier rapide.

Pour générer la division d'un polytope selon son premier, les nouveaux sommets seront déterminés en calculant point à point la moyenne entre les 2^{k-1} premiers sommets et les 2^{k-1} suivants.

Puis, pour découper selon la direction suivante, parmi les 2^{k-1} premiers sommets, on obtiendra une partie des nouveaux sommets en calculant point à point la moyenne entre les 2^{k-2} premiers sommets et les 2^{k-2} suivants, et l'autre partie en effectuant la même opération sur les 2^{k-1} sommets restants.

37

Et ainsi de suite, jusqu'à la dimension k où les sommets sont les moyennes directes des points deux à deux.

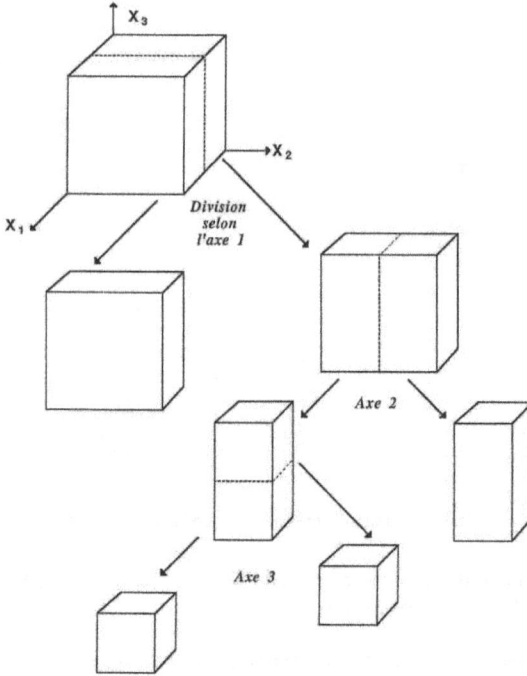

Figure 10 : Division récursive d'un cube

Quant aux plans, ceux-ci sont enrichis par les plans médians des plans minorants et majorants selon chaque direction de découpage (cf. figure 11).

Pour un polytope défini par ses faces, la solution est plus simple, car le plan médian a pour équation la demi-somme des équations des plans minorant et majorant le long de la dimension courante.

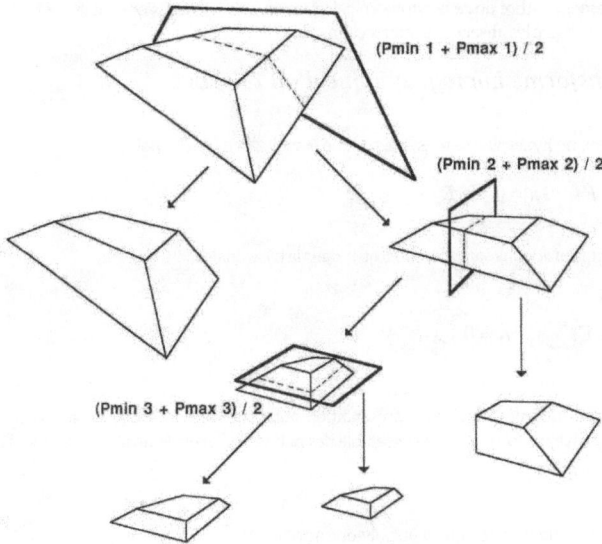

Figure 11 : Division d'un polytope

Disposant des deux représentations duales d'un polytope, voici comment évaluer l'intersection d'un 2^k - ant et d'un polytope.

Un polytope est un ensemble convexe qui possède les propriétés suivantes :

- tout point interne au polytope est combinaison linéaire positive de ses sommets (coordonnées barycentriques) ;
- le polytope est entièrement situé d'un même côté de chacun des hyperplans contenant ses faces : c'est-à-dire dans les demi-espaces positifs de ses plans minorants et les demi-espaces négatifs de ses plans majorants.

Soit deux polytopes à comparer, si tous les sommets d'un polytope sont dans un des demi-espaces externes à l'autre polytope, il en sera de même pour toute combinaison convexe de ces points, donc les deux polytopes n'ont pas d'intersection.

Si tous les sommets d'un polytope sont dans tous les demi-espaces internes définis par les faces de l'autre polytope, il en est de même pour toute combinaison convexe, donc il est à l'intérieur de ce polytope.

Enfin, si les sommets d'un polytope sont de part et d'autre de l'une des faces de l'autre polytope, il y a intersection sans inclusion de l'un dans l'autre.

39

Par division récursive de l'hypercube unitaire et comparaison du résultat avec le polytope initial, on génère directement l'arbre de ce polytope en coloriant en noir les inclusions, en gris les intersections à développer et en blanc les absences d'intersection.

IV.2 - Transformé homographique d'un 2^k-arbre

Analytiquement, un hyperplan se présente comme étant l'ensemble des points :

$$\left\{ u \in E / \,{}^t v \cdot u = 0, v \in E^* \right\}$$

i.e., en décomposant u dans son référentiel et v dans la base duale :

$$\left\{ u \in E, \sum_{i=1,k} v_i \cdot u_i = 0, v \in E^* \right\}$$

L'un des intérêts majeurs de cette représentation analytique est le suivant : si l'on applique une application bijective quelconque f à l'ensemble des points de E, cela équivaut à appliquer l'application inverse f^{-1} sur E^*.

Ainsi le transformé homographique d'un polytope a pour :

    — sommets, les transformés directs de ses sommets ;
    — faces, les transformés inverses des expressions paramétriques de ses faces.

En coordonnées affines, les déplacements applicables sur un espace à k dimensions sont les translations et les rotations :

$$X' = RX + T \qquad\qquad \text{en coordonnées affines,}$$

$$\begin{bmatrix} X' \\ 1 \end{bmatrix} = \begin{bmatrix} R & T \\ 0 & 1 \end{bmatrix}\begin{bmatrix} X \\ 1 \end{bmatrix} \qquad\qquad \text{en coordonnées homogènes.}$$

où $R^{-1} = {}^T R$ et $T^{-1} = -T$

Ce sont les mouvements applicables à des solides rigides. Complétés des homothéties, ils forment le groupe des similitudes :

$$X' = HRX + T \text{ , où } H = \lambda I_k$$

Si l'on étend les homothéties aux anamorphoses, on obtient le groupe linéaire positif de E, $GL(E,+)$:

$$X' = ARX + T \text{ , où } A \text{ est une matrice diagonale positive.}$$

Si l'on ajoute les symétries axiales, on obtient le groupe linéaire de E, $GL(E)$, ensemble des applications linéaires de E :

$$X' = ARX + T \text{, où } S^2 = I_k \text{, i.e. } S^{-1} = S$$

Si l'on exprime l'espace en coordonnées homogènes, le groupe linéaire, complété des perspectives, forme le groupe linéaire projectif $PGL(E)$:

$$\begin{bmatrix} X' \\ W' \end{bmatrix} = \begin{bmatrix} SAR & T \\ {}^T P & 1 \end{bmatrix} \begin{bmatrix} X \\ W \end{bmatrix} \text{, où } P^{-1} = -P$$

Il regroupe l'ensemble des applications en coordonnées homogènes applicables à E, les applications étant géométriquement équivalentes à un facteur multiplicatif près. Ce sont des homographies.

Pour l'espace décrit en coordonnées affines, les transformations homographiques ne sont pas linéaires. Elles nécessitent en fin de transformation de normaliser les coordonnées homogènes à l'aide du poids de la (k+1)-ème coordonnée pour revenir aux coordonnées affines.

Le processus de division récursive d'un polytope s'applique aussi au calcul du transformé homographique d'un arbre. En effet, le milieu d'un segment est en division harmonique avec les extrémités de ce segment et le point à l'infini selon la direction du segment de droite (leur birapport vaut − 1). Le birapport de quatre points est conservé par toute homographie.

Par dualité, deux hyperplans, leur hyperplan moyen et l'hyperplan à l'infini forment un faisceau harmonique.

Il y aura équivalence entre les transformés homographiques des décompositions d'un hypercube et les décompositions récursives du transformé homographique du même hypercube.

Pour éviter le calcul des transformés homographiques des 2^k-ants de l'espace initial, on remarque que l'on obtient un arbre identique à l'arbre de l'ensemble transformé en décomposant l'ensemble initial dans le transformé inverse de l'hypercube unitaire de l'espace d'arrivée. En effet, les sommets du découpage régulier de l'hypercube unitaire de l'espace d'arrivée et leurs transformés inverses seront en bijection pour cette transformation.

Pour calculer l'arbre résultant de la transformation, il est alors équivalent de décomposer le transformé de l'ensemble dans le cube unitaire comme de décomposer l'ensemble initial dans le transformé inverse de ce même cube. Par exemple, la figure 12 illustre le fait pour une rotation d'angle donné : la décomposition de l'ensemble transformé par la rotation est en bijection avec la décomposition de l'ensemble initial dans le transformé inverse de l'hypercube unitaire (bijection matérialisée par la partie hachurée dans un même quadrant de décomposition).

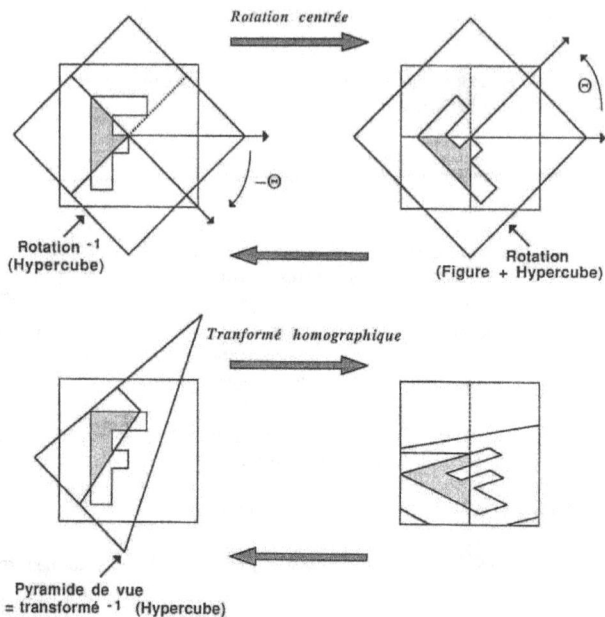

Figure 12 : Calcul du transformé homographique d'un ensemble

On remarque alors que la donnée du transformé inverse de l'hypercube unitaire suffit à spécifier la transformation homographique. Celle-ci est matérialisée par :

— la liste des transformés inverses des sommets de l'hypercube unitaire,
— les listes des transformés directs des faces minorantes et majorantes du même hypercube.

Lorsque l'on applique l'exemple précédent à la perspective, on observe que le transformé inverse de l'hypercube unitaire n'est autre que la pyramide de vue associée à cette transformation (cf. fig. 12). Lorsqu'elle n'est pas tronquée, c'est un prisme dont le sommet est le centre de perspective. La clôture de la vue est mise en œuvre par troncature de cette pyramide.

Pour évaluer la couleur des nœuds de l'arbre transformé, on compare l'intersection des blocs de l'arbre original avec le décomposé régulier du polytope de la transformation, selon le principe mis en œuvre pour l'évaluation de l'intersection de deux polytopes convexes. Ce principe reste valable puisque l'harmonicité des divisions récursives conserve la convexité des blocs.

Cette méthode de construction a l'avantage d'être insensible aux absences de recouvrement entre l'ensemble à transformer et la grille de décomposition.

Enfin, le calcul du transformé homographique s'initialise sur celui de l'arbre du polytope de la transformation. La construction est guidée par la recherche des nœuds noirs communs entre l'ensemble

42

à transformer et l'arbre du polyèdre de la transformation, ce qui réduit le calcul du transformé aux seuls nœuds concernés par la transformation dans un arbre de taille quelconque.

V - Segmentation

V.1 - Recherche des adjacences

La notion de voisinage dans un espace métrique est induite par l'emploi d'une distance sur cet espace. Les distances les plus communément employées sont :

- $d_{\infty}(X,Y) = \max_{i=1,k} |x_i - y_i|$,
- $d_1(X,Y) = \sum_{i=1,k} |x_i - y_i|$,
- $d_2(X,Y) = \left(\sum_{i=1,k} |x_i - y_i| \right)^2$, distance euclidienne.

Dans un espace métrique maillé, deux points X et Y seront adjacents ou voisins, s'ils sont distants de l'unité de résolution de l'espace. C'est-à-dire qu'ils satisfont à la relation :

$$X \,\Re_d\, Y \;:\; X \neq Y \text{ et } d(X,Y) \leq 1 \qquad \text{sur} \left\{0,1,...,2^{r-1}\right\}^k,$$

ou encore :

$$X \,\Re_d\, Y \;:\; X \neq Y \text{ et } d(X,Y) \leq \frac{1}{2^r} \qquad \text{sur} \left\{ 0, \frac{1}{2^r}, ..., \frac{2^r - 1}{2^r} \right\}^k.$$

Ainsi l'ensemble des voisins de X dans $\left\{0,1,...,2^{r-1}\right\}^k$ sera la boule unitaire :

$$B_d(X,1) = \left\{ Y \in \left\{0,1,...,2^r - 1\right\}^k \,/\, Y \neq X \text{ et } d(X,Y) \leq 1 \right\},$$

et dans $\left\{ 0, \frac{1}{2^r}, ..., \frac{2^r - 1}{2^r} \right\}^k$, la boule de plus forte résolution $B_d\left(X, \frac{1}{2^r} \right)$.

Le degré d'adjacence est fonction de la dimension, de la distance et du maillage définissant l'espace métrique d'application. Pour les maillages canés (cf. figure 13), il y a :

- 4 d_1-voisins en 2 dimensions, 6 d_1-voisins en 3 dimensions ;
- 8 d_{∞}-voisins en 2 dimensions, 26 d_{∞}-voisins en 3 dimensions.

En une dimension, il n'y a que 2 d_1- ou d_{∞}-voisins.

La distance euclidienne, n'est pas directement accessible sous un 2^k-arbre.

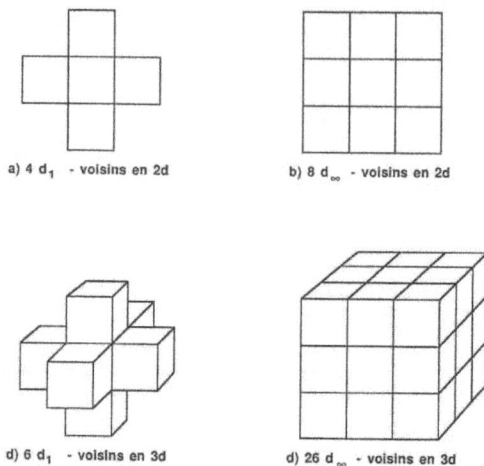

a) 4 d_1 - voisins en 2d

b) 8 d_∞ - voisins en 2d

d) 6 d_1 - voisins en 3d

d) 26 d_∞ - voisins en 3d

Figure 13 : Degré d'adjacence selon l'espace métrique employé

De nombreuses études ont été réalisées sur la recherche de d_1-adjacences. Toutes sont fondées sur la recherche de l'ancêtre commun à deux points. La méthode employée est la suivante : pour chaque nœud terminal, sont examinés tous ses ancêtres, pour un ancêtre analysé il suffit de générer un parcours miroir par rapport aux axes de l'espace de celui qui a permis d'atteindre l'ancêtre, pour rechercher les candidats à une adjacence.

La figure 14, reprise chez ([SAMET 82a]), en schématise le principe. Cette méthode est particulière aux parcours d'arbres en post-ordre.

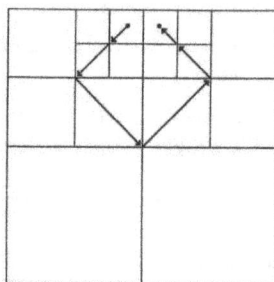

Figure 14 : Recherche d'un ancêtre commun dans un arbre quaternaire

Sur des 2^k-arbres parcourus de manière descendante, et plus particulièrement en profondeur d'abord, nous allons suivre l'opposé de cette méthode : pour chaque nœud non terminal, nous proposons de développer toutes les adjacences possibles et les vérifier au fur et à mesure que l'on descend dans l'arbre.

Comme le montent JACKINS et TANIMOTO ([JACKINS 83]), les d_1-adjacences ne mettent en jeu qu'un seul plan de symétrie par adjacence entre 2^k-ants.

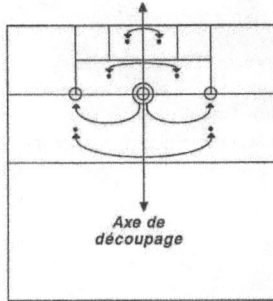

Figure 15 : Recherche des d_1-adjacences dans un 4-arbre représenté par un arbre binaire

Supposons que nous parcourons de manière descendante l'arbre binaire modélisant un arbre quaternaire (cf. figure 15).

Les deux fils (représentés par un cercle simple) d'un nœud non terminal (représenté par un double cercle) sont d_1-adjacents selon l'axe de découpage du nœud non terminal.

Ces deux fils possèdent des petits-fils. Parmi ceux-ci, sont adjacents :

- d'une part, les petits-fils issus d'un découpage dans une direction orthogonale à celle de l'axe du découpage du père et cela côte à côte (petit-fils gauche avec petit-fils gauche, idem à droite).
- d'autre part, les petits-fils droit et gauche issus des fils gauche et droit, dans une direction parallèle à l'axe de découpage paternel.

Nous obtenons ainsi toutes les d_1-adjacences d'un nœud non terminal dans un arbre binaire modélisant un univers de dimension k.

Les directions parallèles à celle de l'axe initial de découpage sont celles qui créent l'effet miroir utilisé par les méthodes de recherche d'ancêtre commun : elles sont orthogonales au plan de symétrie générant la d_1-adjacence.

Seul SAMET s'est penché sur la recherche de d_∞-adjacences et cela sur des arbres quaternaires.

Les d_∞-adjacences dans un univers de dimension k incluent les d_1-adjacences, c'est-à-dire celles générées par les adjacences autour d'un axe de découpage parmi k possibles. Elles sont complétées des adjacences créées par les connexions générées par deux ou plus de deux axes parmi les k possibles, c'est-à-dire par la combinaison de deux ou plus de deux plans de symétrie.

Ainsi, comme le présente la figure 16.a) en deux dimensions :

- après deux découpages, les nœuds extrêmes issus des fils sont adjacents ;
- tous les petits fils, issus d'un découpage ultérieur selon chacun des deux axes, sont adjacents petits-fils droit et gauche en provenance de fils gauche et droit (effet "miroir").

En trois dimensions (cf. figure 16. b) ; le même cas se présente :

- pour les deux premiers axes de découpage (liaison 1 avec 2), le troisième n'intervenant pas,
- pour les trois axes (liaison 1 avec 3),
- et pour la première et la dernière dimension, bien que cela ne soit pas représenté sur la figure.

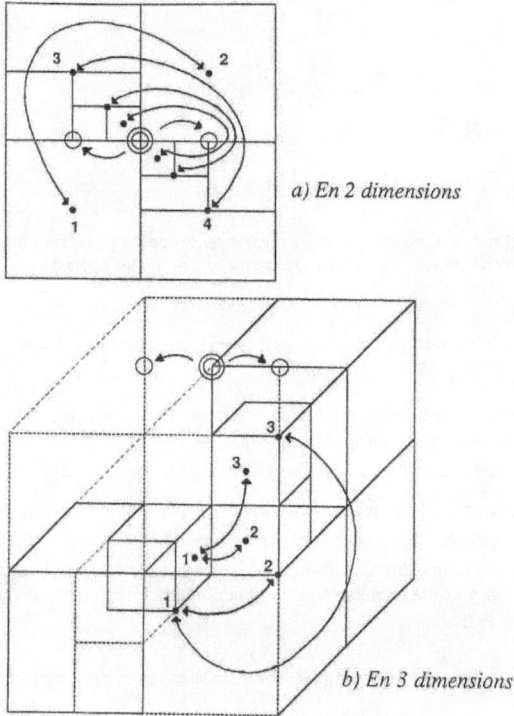

a) En 2 dimensions

b) En 3 dimensions

Figure 16 : Recherche des d_∞-adjacences dans un arbre binaire

En k dimensions, les d_∞-adjacences sont générées par les symétries :

- autour de chacun des k axes possibles (d_1-adjacences),
- autour de 2 parmi k axes, pour les C_k^2 combinaisons possibles,
- et ainsi de suite, jusqu'aux k axes.

Sachant que les symétries générées par j axes parmi k sont au nombre le nombre de possibilités de découpages laissées libres parmi les k-j axes restants, il y aura dans un 2^k-arbre pour les fils d'un même nœud 2^{k-j} symétries possibles.

Par contre, à un même niveau de résolution, le nombre de voisins que peut posséder un nœud est déduit du nombre de symétries par le découpage de ces ancêtres : pour j axes parmi k possibles, le nœud aura 2^j voisins.

Ainsi à un même niveau de résolution dans un 2^k-arbre, un nœud pourra avoir :

- $2^1 C_k^1 = 2k$ d_1-voisins,
- $\sum_{j=1}^{k} 2^j C_k^j = 3^k - 1$ d_∞-voisins.

Pour obtenir l'effet miroir, il est nécessaire de mémoriser les positions initiales des petits-fils afin de mettre en œuvre correctement l'effet miroir, qui permet d'associer les petits-fils des côtés opposés aux côtés initiaux.

Dans un espace à k dimensions, sont mémorisées dans un vecteur circulaire, les configurations initiales des symétries ainsi générées, à l'aide d'un indicateur :

- N : neutre, pour une dimension non prise en compte,
- A : antisymétrique, pour des fils droit et gauche,
- S : symétrique, pour des fils gauche et droit.

Les d_∞-adjacences sont produites par la combinaison d'au plus k symétries dans les k directions de l'espace. Les d_∞-adjacences sont générées par les intersections de tous les plans de découpage du maillage, c'est-à-dire pour une direction différente de la direction initiale de découpage, par toutes les directions orthogonales à cette première direction, pouvant être rencontrées à un niveau quelconque dans le sous-arbre.

L'analyse d'un sous-arbre pour y déceler toutes les d_∞-adjacences se formalise alors par la procédure récursive suivante :

    <u>appel</u> recherche (*fils gauche*(racine), *fils droit*(racine), *(S, N, ..., N)*)

    /* <u>Recherche d'adjacences</u> */

    recherche (nœud 1, nœud 2, (..., ..., ...))

    <u>début</u>

        type < - premier élément (..., ..., ...)

        <u>si</u> (nœuds *non terminaux*) <u>alors</u> <u>faire</u>

            copier (..., ..., ...) *pour mémoire*

            <u>si</u> (type=*N*) <u>alors</u> <u>faire</u>

                recherche (*fils gauche* (nœud 1), *fils gauche* (nœud 2), *rotation* (N, ..., ...))

                recherche (*fils droit* (nœud 1), *fils droit* (nœud 2), *rotation* (N, ..., ...))

recherche (*fils droit* (nœud 1), *fils gauche* (nœud 2), *rotation* (*A*, ..., ...))

recherche (*fils gauche* (nœud 1), *fils droit* (nœud 2), *rotation* (*S*, ..., ...))

<u>fin</u>

<u>si</u> (type=*S*) <u>alors</u>

recherche (*fils droit* (nœud 1), *fils gauche* (nœud 2), *rotation* (*S*, ..., ...))

<u>si</u> (type=*A*) <u>alors</u>

recherche (*fils gauche* (nœud 1), *fils droit* (nœud 2), *rotation* (*A*, ..., ...))

restauration du vecteur mémorisé.

<u>fin</u>

<u>sinon</u> *mémoriser* les adjacences des nœuds terminaux

<u>fin</u>

On revient aux d_1-adjacences en supprimant les combinaisons d'axes de symétries :

<u>appel</u> recherche (*fils gauche*(racine), *fils droit*(racine), *(S, N, ..., N)*)

/* <u>Recherche d'adjacences</u> */

recherche (nœud 1, nœud 2, (..., ..., ...))

<u>début</u>

type < - premier élément (..., ..., ...)

<u>si</u> (nœuds *non terminaux*) <u>alors</u> <u>faire</u>

copier (..., ..., ...) *pour mémoire*

<u>si</u> (type=*N*) <u>alors</u> <u>faire</u>

recherche (*fils gauche* (nœud 1), *fils gauche* (nœud 2), *rotation* (*N*, ..., ...))

recherche (*fils droit* (nœud 1), *fils droit* (nœud 2), *rotation* (*N*, ..., ...))

<u>fin</u>

<u>si</u> (type=*S*) <u>alors</u>

recherche (*fils droit* (nœud 1), *fils gauche* (nœud 2), *rotation* (*S*, ..., ...))

restauration du vecteur mémorisé.

51

<u>fin</u>

<u>sinon</u> *mémoriser* les adjacences des nœuds terminaux

<u>fin</u>

V.2 - Etiquetage des composantes connexes

Deux points X, Y adjacents, au sens d'une distance quelconque, seront 1-connexes. Si il existe un chemin de n-1 points adjacents permettant de relier X et Y, X et Y, seront n-connexes.

Un ensemble de points sera connexe, si quel que soient deux points X et Y de cet ensemble, il existe un chemin de longueur quelconque dans cet ensemble permettant de relier X, Y. Autrement dit, un ensemble V sera connexe si :

$$\forall X, Y \in V, X \Re_c Y \Leftrightarrow \text{soit } X = Y,$$

$$\text{soit } \exists \{Z_i\}_{i=1,n} \subset V \,/\, X \Re_c Z_1, Z_i \Re_c Z_{i+1}, i = 1, n-1, Z_n \Re_c Y.$$

La relation de connexité $\Re_c$ est une relation d'équivalence.

Soit V, un ensemble quelconque, une partition de V est une décomposition de V en n sous-ensembles V_i disjoints, tels que leur réunion reforme V :

- $\forall i, j / i \neq j \;\; V_i \cap V_j \neq \emptyset$;
- $V = \bigcup_{i=1,n} V_i$.

Un prédicat P sera une fonction booléenne sur l'ensemble des parties d'un ensemble quelconque V :

$$P : P(V_i) \in \{vrai, faux\} \text{ et } V_i \in V$$

Une segmentation de V par le prédicat P est une partition $\{V_i\}_{i=1,n}$ de V telle que :

- $\forall i \in \{1, n\} \; P(V_i) = vrai$,
- et $\forall i, j \in \{1, n\}, i \neq j \; P(V_i \cup V_j) = faux$

Soit $\Re$ une relation d'équivalence sur V, une classe d'équivalence de $\Re$ sur l'ensemble V sera un sous-ensemble $V_\Re$ de V tel que :

- $\forall X, Y \in V_\Re \; V : X \Re Y$

L'ensemble des classes d'équivalence d'un ensemble V pour une relation $\Re$ forme une partition de V.

On appelle composantes connexes les classes d'équivalences pour la relation de connexité $\Re_c$. Etant donné qu'un espace discret multidimensionnel est représenté par sa d'une fonction caractéristique $\delta:\{V\}\rightarrow\{0,1\}$, on obtiendra alors une segmentation de V par le prédicat P d'isocoloration :

$$P(V) = vrai \text{ si } \forall X,Y\in V, \delta(X) = \delta(Y) \text{ sur l'ensemble des composantes connexes de } V.$$

L'analyse des adjacences ayant été effectuée sur l'arbre binaire modélisant l'espace à k dimensions, il s'agit de découvrir les composantes connexes de cet espace et d'étiqueter chacun des nœuds terminaux avec le numéro de la composante à laquelle il appartient.

Deux algorithmes ont été présentés pour réaliser un étiquetage récursif sur des 2^k-arbres. Il s'agit de celui de SAMET ([SAMET 81a]) qui repose sur un algorithme décrit par ([KNUTH 73]), et de celui de GARGANTINI ([GARGANTINI 82c])

L'algorithme de SAMET est fondé sur la notion d'arbre d'adjacence.

Nous avons mis en œuvre la méthode plus simple suivie par GARGANTINI. Elle repose sur l'énumération de tous les points connexes d'une nouvelle composante détectée :

- lorsqu'on détecte une nouvelle composante, on charge celle-ci avec le point qui a permis de la détecter et tous ses voisins, et on mémorise ceux-ci dans une file d'attente ;
- lorsqu'on a examiné un point, on vérifie si la file d'attente n'est pas vide, lorsque c'est le cas, le nouveau point à examiner est pris dans la file d'attente avant de se déplacer dans l'arbre toute composante détectée est ainsi épuisée au préalable).

Enfin, l'arbre étant étiqueté, il est alors possible de calculer la liste des arbres-segments, c'est-à-dire extraire de l'arbre, les arbres pour chaque composante connexe et relier ceux-ci en une seule liste : la forêt des arbres segments.

VI – Calcul d'attributs

VI.1 - Moments généralisés et arbres propres

Après avoir segmenté une scène et isolé toutes les composantes qui la constitue, une voie permettant de classer les composantes les unes par rapport aux autres ou d'autres précédemment analysées, est d'effectuer des mesures sur ces composantes. On parle encore de calcul d'attributs puisqu'on enrichit les composantes d'attributs numériques. Les mesures les plus communément réalisées sur des objets sont les moments généralisés.

Les moments généralisés ont déjà été appliqués sur des arbres quaternaires ([SHNEIER 81b], [RANADE 82]). Comparés à d'autres mesures, les moments généralisés présentent un certain nombre d'avantages:

- ce sont des mesures intégrales, c'est-à-dire appliquées aux régions et non aux frontières, donc peu sensibles au bruit numérique ;
- les moments sont des mesures mutuellement indépendantes les unes des autres ;
- ils permettent de définir des mesures insensibles à certaines transformations géométriques (les similitudes).

Cette dernière propriété permet de construire une représentation des arbres des composantes qui soit invariante à ces transformations [JAIN 82], [AGGARWAL 84]). On parle alors d'arbres normalisés, nous parlerons plutôt d'arbres propres étant donné que ceux-ci ont pour but de présenter les objets dans leur repère propre et qu'il existe d'autres formes normalisées pour décrire des arbres.

Dans un espace à k dimensions, les moments généralisés sont les mesures suivantes:

$$M_{(objet)}\left(X_1^{n_1}, X_2^{n_2}, ..., X_k^{n_k}\right) = \int_{X_1} \int_{X_2} ... \int_{X_k (X_1, X_2, ... X_k) \in objet} X_1^{n_1} X_2^{n_2} ... X_k^{n_k} dX_k ... dX_2 dX_1$$

où :
$$n_i \geq 0, \forall i \in \{1, 2, ..., k\}$$

Sur un objet discrétisé, l'intégrale multiple se réécrit :

$$\sum_{X \in objet} X_1^{n_1} X_2^{n_2} ... X_k^{n_k} dm$$, où dm est l'élément de masse unitaire sur l'espace discrétisé.

De manière plus compacte, on écrira : $M_{(objet)}\left(\prod_{i=1,k} X_i^{n_i}\right)$

Alors la masse discrète d'un objet sera : $M_{(objet)}(1)$

Des moments d'ordre 1, on déduira le centre de gravité de l'objet par :

$$XG_i = M_{(objet)}\left(X_i\right) / M_{(objet)}(1), \ i \in \{1, 2, ..., k\}$$

Nous abandonnerons pour la suite la référence de l'objet pour le support des moments.

On obtient alors les valeurs centrées des moments d'ordre 2 de la manière suivante:

$$\text{si } x_i = X_i - XG_i, \ i \in \{1,2,,k\} \text{ alors}$$
$$M(x_i x_j) = M(X_i X_j) - XG_i M(X_j) - XG_j M(X_i) + XG_i XG_j M(1)$$

Les moments d'ordre 2 centrés nous permettent de calculer la matrice de rotation qui définit les axes du repère propres de l'objet. Pour cela, on forme la matrice d'inertie de l'objet :

$$In_{k \times k}(i,j) = M(x_i x_j), \ \ i \in \{1,2,...,k\}, j \in \{1,2,...,k\}$$

C'est une matrice carrée définie, positive qui se réécrit après diagonalisation :

$$In_{k \times k} = V^T \Lambda V$$

$$\text{où } \Lambda_{k \times k}(i,j) = M(u_i, u_j) \, / \, M(u_i^2) \geq 0 \text{ et } M(u_i u_j) = 0 \text{ pour } i \neq j$$

$$\text{et } \forall i \in \{1,2,...,k-1\}, \quad M(u_i^2) \geq M(u_{i+1}^2)$$

est la matrice des axes d'inertie de l'objet représenté dans son repère propre, et où V est la matrice des vecteurs propres de l'objet $(V^T V = VV^T = I)$ permettant de passer du repère centré au repère propre de l'objet par rotation.

A ce stade, un objet est assimilé à son ellipsoïde d'inertie. Les vecteurs propres de son repère sont alors définis à π près.

Pour lever l'incertitude sur le sens des axes d'inertie, on emploie les moments d'ordre 3.

Les valeurs centrées des moments d'ordre 3 s'écrivent :

$$M(x_i x_j x_m) = M(X_i X_j X_m) - XG_i M(X_j X_m)$$
$$- XG_j M(X_i X_m) - XG_m M(X_i X_j) + XG_i XG_j M(X_m)$$
$$+ XG_i XG_m M(X_j) + XG_j XG_m M(X_i) - XG_i XG_j XG_m M(1)$$

L'expression des valeurs des moments d'ordre 3 restreints aux directions propres est alors :

$$M(u_i^3) = \sum_j \sum_m \sum_n v_{ji} v_{mi} v_{ni} M(x_j x_m x_n)$$

où v_{ji}, v_{mi}, v_{ni} sont les composantes du vecteur propre v_i de la matrice V de changement de repère.

Les moments d'ordre 3 restreints aux directions propres $M(u_i^3)$ sont les asymétries de l'objet selon chacun de ses axes propres. Ils mesurent l'excentricité de l'objet le long de chaque axe.

L'incertitude du sens des axes est levée en orientant les axes dans le sens de leur plus forte excentricité, c'est-à-dire dans le sens où :

$$M(u_i^3) \geq 0, \qquad \forall i \in \{1,2,...,k\}$$

C'est-à-dire en remplaçant v_i par son opposé $-v_i$ dans la matrice V de changement de repère, lorsque $M(u_i^3) < 0$.

Nous venons d'obtenir la matrice de translation, rotation pour un déplacement de l'arbre de l'objet dans son repère propre en coordonnées homogènes :

$$\begin{bmatrix} U \\ 1 \end{bmatrix} = \begin{bmatrix} V & -XG^T \\ 0 & 1 \end{bmatrix} \begin{bmatrix} X \\ 1 \end{bmatrix}$$

Pour obtenir une représentation invariante en homothétie, il suffit de normaliser les coordonnées par rapport à l'axe principal d'inertie :

$$\begin{bmatrix} U \\ 1 \end{bmatrix} = \begin{bmatrix} \dfrac{1}{M(u_1^2)}V & -XG^T \\ 0 & 1 \end{bmatrix} \begin{bmatrix} X \\ 1 \end{bmatrix}$$

Cette représentation pourrait prendre en compte une homothétie selon chaque axe, mais celle-ci n'aurait pas de réalité en mécanique des solides rigides.

Sous L^1, l'ensemble des nœuds noirs dans un arbre à une précision quelconque sont des sous-ensembles compacts et fermés de $[0,1[^k$.

L'arbre binaire d'un ensemble de $[0,1[^k$ est alors un recouvrement compact dénombrable de cet ensemble. Il est fini lorsqu'on l'examine à une précision finie. Ainsi, toute mesure réalisée sur l'arbre binaire d'un ensemble sera égale à la somme des mesures effectuées sur chacun des compacts du recouvrement.

Donc, on pourra calculer de manière hiérarchique les moments associés à chacun des nœuds gris ou noir de l'arbre et en cumulant sur le retour du parcours les moments de chacun des blocs noirs de l'arbre pour en déduire ces mesures de l'objet modélisé par l'arbre.

Nous allons donc présenter une méthode récursive de calcul des moments généralisés sur les blocs rencontrés lors du parcours d'un arbre représentant un objet sur $[0,1[^k$.

Aux nœuds d'un arbre sont associés des parallélépipèdes aux arêtes parallèles aux axes :

$$\left[x_1^{'},x_1^{''}\right[\times\left[x_2^{'},x_2^{''}\right[\times\cdots\times\left[x_k^{'},x_k^{''}\right[$$

qu'on se permettra de confondre sous L^1 avec :

$$\left[x_1^{'},x_1^{''}\right]\times\left[x_2^{'},x_2^{''}\right]\times\cdots\times\left[x_k^{'},x_k^{''}\right]$$

et que l'on écrira :

$$\prod_{i=1,k}\left[x_i^{'},x_i^{''}\right]$$

Ces blocs ont pour moments généralisés :

$$M_{\left(\prod_{i=1,k}\left[x_i^{'},x_i^{''}\right]\right)}\left(\prod_{i=1,k}X_i^{n_i}\right)=\prod_{i=1,k}\frac{1}{n_i+1}\left(x_i^{''n_i+1}-x_i^{'n_i+1}\right)$$

Dans un arbre binaire à une précision p, un nœud terminal aura pour moment :

$$M_{\left(\prod_{i=1,k}\left[x_{ig},x_{id}\right]\right)}\left(\prod_{i=1,k}X_i^{n_i}\right)=\prod_{i=1,k}\frac{1}{n_i+1}\left(x_{id}^{n_i+1}-x_{ig}^{n_i+1}\right)$$

Si l'on divise le support $\prod_{i=1,k}\left[x_{ig},x_{id}\right]$ selon x_j en sous-ensemble de même taille, on obtient les valeurs suivantes :

$$M_{\left(x_{jg},\frac{x_{jg}+x_{jd}}{2}\right)\prod_{\substack{i=1,k\\i\neq j}}\left[x_{ig},x_{id}\right]}\left(\prod_{i=1,k}x_i^{n_i}\right)=\frac{1}{n_j+1}\left(\left(\frac{x_{jg}+x_{jd}}{2}\right)^{n_j+1}-x_{jg}^{n_j+1}\right)\prod_{\substack{i=1,k\\i\neq j}}\frac{1}{n_i+1}\left(x_{id}^{n_i+1}-x_{ig}^{n_i+1}\right)$$

Sachant que :

$$\left(\frac{x_{jg}+x_{jd}}{2}\right)^{n_j+1}-x_{jg}^{n_j+1}=\frac{1}{2^{n_j+1}}\sum_{m=0}^{n_j+1}C_{n_j+1}^{m}x_{jg}^{m}x_{jd}^{n_j+1-m}-x_{jg}^{n_j+1}$$

et que :

$$(1+1)^{n_j+1}=\sum_{m=0}^{n_j+1}C_{n_j+1}^{m}=2^{n_j+1}$$

On peut écrire :

$$M_{\left(\left[x_{jg},\frac{x_{jg}+x_{jd}}{2}\right]\prod_{\substack{i=1,k\\i\neq j}}[x_{ig},x_{id}]\right)}\left(\prod_{i=1,k}x_i^{n_i}\right) = \sum_{m=0}^{n_j}\frac{C_{n_j+1}^m}{2^{n_j+1}}\times\frac{n_{j+1}-1}{n_{j+1}}\times x_{jg}^m M_{\left(\prod_{i=1,k}[x_{ig},x_{id}]\right)}\left(x_j^{n_j-k}\prod_{i=1,k}x_i^{n_i}\right)$$

De même:

$$M_{\left(\left[\frac{x_{jg}+x_{jd}}{2},x_{jd}\right]\prod_{\substack{i=1,k\\i\neq j}}[x_{ig},x_{id}]\right)}\left(\prod_{i=1,k}x_i^{n_i}\right) = \sum_{m=0}^{n_j}\frac{C_{n_j+1}^m}{2^{n_j+1}}\times\frac{n_{j+1}-1}{n_{j+1}}\times x_{jd}^m M_{\left(\prod_{i=1,k}[x_{ig},x_{id}]\right)}\left(x_j^{n_j-k}\prod_{i=1,k}x_i^{n_i}\right)$$

Pour alléger la présentation, nous ne tiendrons compte par la suite que de l'intervalle de division pour présenter les supports d'application.

Le développement de ces expressions pour les moments généralisés donne :

A l'ordre 0 :

$$M_{\left(\left[x_{jg},\frac{x_{jg}+x_{jd}}{2}\right]\right)}(1) = \frac{1}{2}M_{([x_{jg},x_{jd}])}(1)$$

$$M_{\left(\left[\frac{x_{jg}+x_{jd}}{2},x_{jd}\right]\right)}(1) = \frac{1}{2}M_{([x_{jg},x_{jd}])}(1)$$

A l'ordre 1 :

$$M_{\left(\left[xjg,\frac{x_{jg}+x_{jd}}{2}\right]\right)}(X_i) = \frac{1}{2}M_{([x_{jg},x_{jd}])}(X_i)$$

$$M_{\left(\left[\frac{x_{jg}+x_{jd}}{2},x_{jd}\right]\right)}(X_i) = \frac{1}{2}M_{([x_{jg},x_{jd}])}(X_i)$$

$$M_{\left(\left[xjg,\frac{x_{jg}+x_{jd}}{2}\right]\right)}(X_j) = \frac{1}{4}M_{([x_{jg},x_{jd}])}(X_j) + \frac{1}{4}x_{jg}M_{([x_{jg},x_{jd}])}(1)$$

$$M_{\left(\left[\frac{x_{jg}+x_{jd}}{2},x_{jd}\right]\right)}(X_j) = \frac{1}{4}M_{([x_{jg},x_{jd}])}(X_j) + \frac{1}{4}x_{jd}M_{([x_{jg},x_{jd}])}(1)$$

Et ainsi de suite jusqu'à l'ordre 3.

Ayant déterminé les moments de chaque 2^k-ant noir de l'arbre décrivant l'objet, les moments de l'objet sont égaux à :

$$M_{(objet)}\left(\prod_{i=1,k}X_i^{n_i}\right) = \sum_{2^k-ant\ noir\in objet}\left(\prod_{i=1,k}X_i^{n_i}\right)$$

Calculer jusqu'à l'ordre 3, les moments généralisés fournissent après centrage et normalisation :

- à l'ordre 0, l'hypervolume de la composante,
- à l'ordre 1, son centre de gravité,
- à l'ordre 2, ses axes d'inertie,
- à l'ordre 3, la signature de son repère et les asymétries selon chaque axe.

Ainsi le calcul des moments généralisés nous permet d'établir une construction de la composante invariante aux transformations linéaires positives applicables à la composante en géométrie affine, son arbre propre.

VI.2 - Reconnaissance des formes

Après centrage et normalisation de la liste des moments d'une composante, celle-ci est associée à un vecteur de mesures indépendantes des similitudes et des symétries, ses attributs :

$$\left(M\left(u_1^2\right),\cdots,M\left(u_k^2\right),M\left(u_1^3\right),\cdots,M\left(u_k^3\right)\right),$$

où :

$$M(u_1^2) = 1 \text{ et } M(u_i^2) > 0 \text{ et } M(u_i^3) > 0$$

Ainsi, on pourra représenter la composante par un vecteur de $2k-1$ mesures.

Pour mettre en œuvre une procédure de reconnaissance des formes sur cette représentation, on constitue un ensemble d'apprentissage de n expériences :

$$\{(f_i,v_i)\}, i = 1, n,$$

où v_i est le vecteur d'attributs de la i-ème expérience et f_i l'étiquette donnée à l'expérience par un professeur sur un ensemble fini d'interprétations possibles (apprentissage supervisé).

Une procédure de classification hiérarchique permet ensuite de classer selon la distance de Hausdorff toute nouvelle observation exprimée sous cette même forme, sur la partition des interprétations.

Dans le cas des 2^k-arbres, l'apprentissage consiste à construire l'arbre chromatique de dimension 2k-1 modélisant l'ensemble $\{(f_i,v_i)\}$.

En phase de reconnaissance, toute nouvelle observation pourra être interprétée (classée), en retrouvant l'étiquette à laquelle elle est associée dans l'arbre d'apprentissage.

Retrouver cette étiquette consiste, lorsque l'arbre d'apprentissage est modélisé par un arbre chromatique, à construire le 2^{2k-1}-arbre associé au vecteur d'attributs, effectuer l'intersection booléenne de cet arbre avec la pyramide d'apprentissage et à lire l'étiquette f_i extraite de l'arbre résultant.

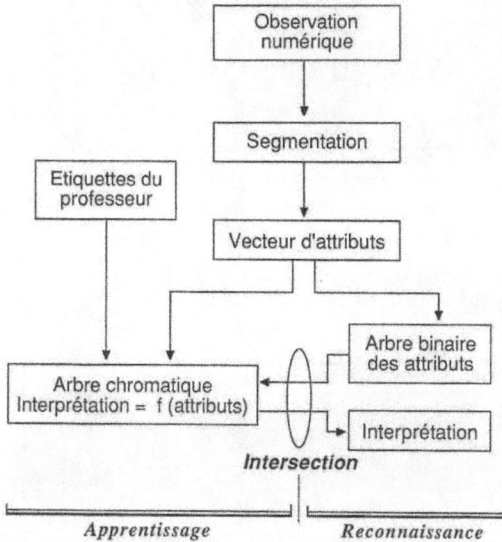

Figure 17 : Reconnaissance des formes spectrale

Nous avons vu que le calcul des moments d'une composante connexe permettait de reconstruire la composante dans son repère propre. Il est alors possible de mettre en œuvre une procédure plus fine que la méthode spectrale qui vient d'être présentée :

— en construisant l'arbre propre de la composante à l'aide des informations issues du calcul des moments,
— en remplaçant la base des interprétations fonction des attributs, par la réunion des composantes propres étiquetées des mêmes interprétations (cf. fig. 18 et 19).

Nous avons vu qu'une mesure de corrélation entre arbres est la masse (hypervolume) du ou-exclusif entre deux arbres. Si l'on dispose maintenant d'une nouvelle expérience :

— en calculant son arbre propre,
— en effectuant le ou-exclusif de cet arbre avec la base de données,
— en comptabilisant la masse restante de la base pour chaque étiquette de l'ensemble d'apprentissage,

61

— l'étiquette dont la masse est la plus légère est l'étiquette la mieux corrélée avec la nouvelle expérience.

On remarquera que la base d'apprentissage, étant la réunion booléenne des arbres propres de l'ensemble d'apprentissage, n'est guère plus encombrante qu'une composante propre.

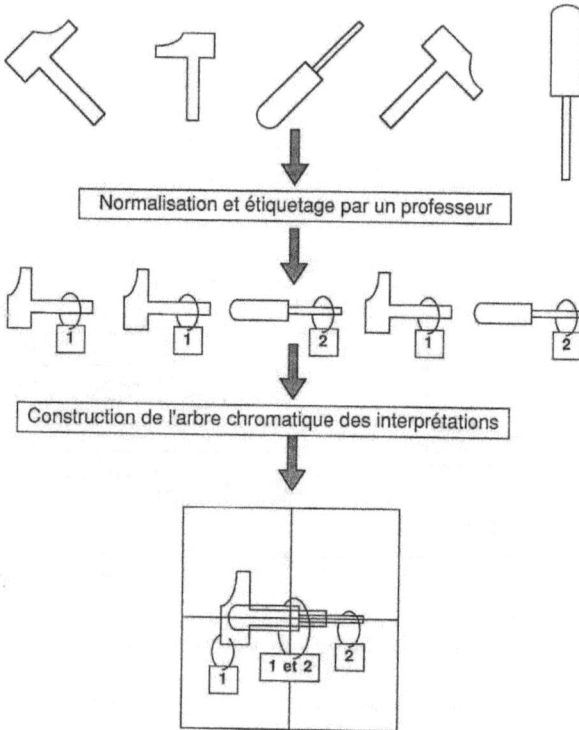

Figure 18 : Base de données des arbres propres

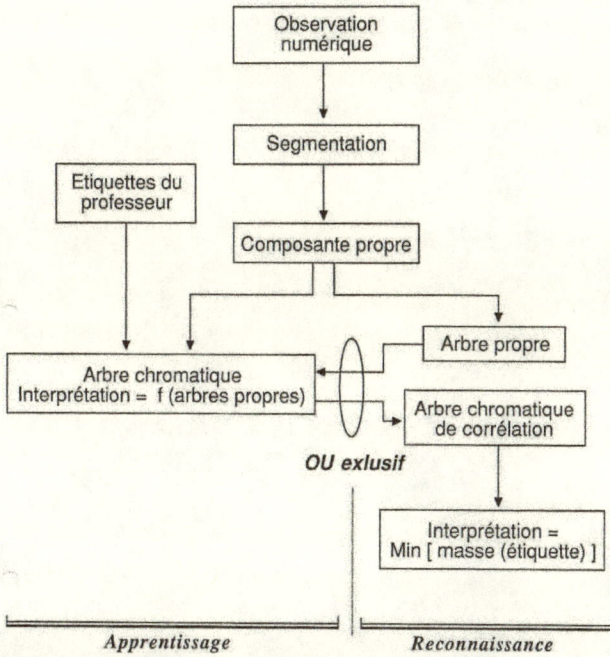

Figure 19 : Reconnaissance des formes corrélatives

Conclusion

Cet exposé sur les 2^k-arbres représentés par des arbres binaires nous a permis de montrer que les résultats obtenus par le passé sur des arbres quaternaires et octernaires pouvaient être étendus à des espaces de dimension quelconque.

La méthode de construction proposée s'adapte aux flots de données désordonnés et surabondants.

Son extension en limite inductive permet de s'affranchir de toute normalisation préalable des données, tout en assurant la comparabilité d'arbres générés indépendamment les uns des autres.

Le calcul du transformé homographique d'un 2^k-arbre nous a permis d'éclaircir les propriétés d'analyse convexe nécessaires à la réalisation d'une telle transformation, employées par certains auteurs en deux et trois dimensions.

Comme il l'a été largement signalé, le calcul d'attributs fondés sur les moments généralisés permet :

- de localiser en position et en orientation, un objet dans son espace d'observation ;
- d'en déduire un vecteur de mesures invariantes aux similitudes ;
- de proposer pour un objet une description indépendante de son espace d'observation, son arbre propre.

Nous avons présenté les principes de segmentation reposant sur les deux distances d_1 et d_∞ induites par la structure du maillage associée aux 2^k-arbres.

Ces principes nous permettent de préciser la notion d'objet comme composante connexe. Ils permettent ainsi de mettre en œuvre des procédures de perception d'objets sans recouvrement en géométrie affine.

Deux méthodes de reconnaissance de formes supervisées ont pu être présentées.

Nous laisserons au lecteur le soin d'établir une troisième méthode non supervisée en introduisant un étage de segmentation supplémentaire dans l'espace des attributs dans le cas de la reconnaissance de formes spectrale : la classe d'appartenance est la composante connexe atteinte après apprentissage.

Ces techniques mélangent différentes approches communément rencontrées en analyse statistique de données :

- bayésienne, où l'arbre d'une composante connexe modélise une distribution de probabilité ;
- par partitionnement en proposant deux méthodes de segmentation ;
- par classification hiérarchique étant donné que le modèle de représentation est géré par une distance ultramétrique, la distance de HAUSDORFF ;
- l'analyse factorielle, par le biais des moments généralisés.

Dans le cadre de l'étude à moyen terme qui a assuré le financement de ces travaux, nous avons étudié d'autres aspects de la question :

- le calcul de l'enveloppe convexe d'un objet multidimensionnel (vérification de la séparation linéaire des classes) ;
- l'insertion, l'extraction de variétés parallèles au référentiel ; les transformations homotopiques (érosion, dilatation, filtre médian) ;
- le calcul du système d'équations intégrales d'une variété continue par approximation par des polynômes d'ordre variable et à l'atlas des cartes d'une variété continue par morceaux;
- la recherche de parcours hamiltoniens sur des ensembles (balayage de Peano-Hilbert) ;
- la reconnaissance de formes partiellement cachées en géométrie projective par construction d'arbre duaux ;
- l'analyse des architectures parallèles susceptibles d'accepter cette algorithmique (principalement les machines à réseau d'interconnexions multiples).

Nous avons enfin signalé l'ouverture à la résolution de problèmes multidimensionnels en éléments finis selon une approche multi-grille.

Bibliographie

[AHO 74]   A.V. AHO, J.E. HOPCROFT, J.D. ULLMAN: The Design and Analysis of
                     Computer Algorithms; Addison-Wesley Publishing Company, 1974.

[ABEL 84a]   D.J. ABEL: A B+Tree Structure for Large Quadtrees ; CGIP 27, 19,31, 1984.

[ABEL 84b]   D.J. ABEL: Comments On "Detection of Connectivity for Regions
                     Represented by Linear Quadtrees"; Comp. & Maths. WITH Appls., Vol. 10,
                     N° 2, 1984.

[ABEL 85]   D.M. MARK, D.J. ABEL: Linear Quadtrees from Vector Representations of
                     Polygons; IEEE Tr. on PAMI, Vol. 7, N° 3, May 1985.

[AGGARWAL 84]   C.H. CHIEN, J.K. AGGARWAL: A Normalized Quadtree Representation;
                     CGIP 26, 331-346, 1984.

[AHUJA 83]   N. AHUJA: On Approaches to Polygonal Decomposition for Hierarchical
                     Image Representation; CGIP 24, 200-214, 1983.

[AHUJA 84]   N. AHUJA, C. NASH: Octree Representations of Moving Objects; CGIP 26,
                     206-216, 1984.

[ALEXANDRIDIS 78]   N. ALEXANDRIDIS, A. KLINGER: Picture Decomposition, Tree Data-
                     Structures, and Identifying Directional Symmetries as Node
                     Combinations; CGIP 8, 43-77, 1978.

[ALEXANDRIDIS 84]   F.W. BURTON, J.G. KOLLIAS, N.A. ALEXANDRIDIS: An Implementation of
                     the Exponential Pyramid Data Structure with Application to
                     Determination of Symmetries in Pictures; CGIP 25, 218-225, 1984.

[ALEXANDRONOV 84]   V.V. ALEXANDRONOV, N.D. GORSKY, S.N. MYSKO: Recursive Pyramids and
                     Their Use for Image Coding; Pattern Recognition Letters 2, 301-310,
                     1984.

[BALLARD 82]   D.H. BALLARD, C.M. BROWN: Computer vision; Prentice Hall, 1982.

[BENTLEY 75]   J.L. BENTLEY: Multidimensional Binary Search Trees Used for Associative
                     Searching; CACM, Vol. 18, N° 9, September 1975.

[BENTLEY 80]   J.L. BENTLEY: Multidimensional Divide-and-Conquer; CACM, Vol. 23, N° 4,
                     April 1984.

[BURTON 85]   F.W. BURTON, V.J. KOLLIAS, J.G. KOLLIAS: Expected and Worst Case
                     Storage Requirements for Quadtrees; Patter Recognition Letters 3, 131-
                     135, 1985.

[CHAUDHURI 85]   B.B. CHAUDHURI: Applications of Quadtree, Octree, and Binary Tree
                     Decomposition Techniques to Shape Analysis and Pattern Recognition;
                     IEEE Tr. on PAMI, Vol. 7, N° 6, November 1985.

[CYGANSKI 85]   D. CYGANSKI, J.A. ORR: Application of Tensor Theory to Object
                     Recognition and Orientation Determination; IEEE Tr. on PAMI, Vol. 7, N°
                     6, November 1985.

[DYER 80]   C.R. DYER: Computing the Euler Number of an Image from its Quadtree; CGIP 13, 270-276, 1980.

[DYER 82]   C.R. DYER: The Space Efficiency of Quadtrees; CGIP 19, 335-348, 1982.

[FAVERJON 84]   B. FAVERJON: Obstacle Avoidance Using an Octree in the Configuration Space of a Manipulator; IEEE 1984, 504-512.

[GARGANTINI 82a]   I. GARGANTINI: An Effective Way to Represent Quadtrees; CACM, Vol. 25, N° 12, December 1982.

[GARGATNTINI 82b] I. GARGANTINI: Linear Octrees for Fast Processing of Three-Dimensional Objects; CGIP 20, 365-374, 1982.

[GARGANTINI 82c]   I. GARGANTINI: Detection of Connectivity for Regions Represented by Linear Quadtrees; Comp. and Math. with Appls, Vol. 8, N° 4, 1982.

[GARGANTINI 83a]   I. GARGANTINI: Translation, Rotation and Superposition of Linear Quadtrees; Int. J. Man-Machine Studies 18, 253-263, 1983.

[GARGANTINI 83b]   I. GARGANTINI, G. LAM: An Approximation to the 3D Border; Proc. Soc. Photo. Inst. Eng. SPIE, Genève, 98-103, 1983.

[GARGANTINI 83c]   I. GARGANTINI: The Use of Linear Quadtrees in A Numerical Problem; SIAM J. Numer. Anal, Vol. 20, N° 6, December 1983.

[GARGANTINI 84a]   H.H. ATKINSON, I. GARGANTINI, M.V.S. RAMANATH: Determination of the 3D Border by Repeated Elimination of Internal Surfaces; Computing 32, 279-295, 1984.

[GARGANTINI 84b]   I. GARGANTINI, H.H. ATKINSON: Linear Quadtrees: A Blocking Technique For Contour Filling; Pattern Recognition, Vol. 17, N° 3, 1984.

[GARGANTINI 86a]   H.H. ATKINSON, I. GARGANTINI, T.R.S. WALSH: Filling by Quadrants for Octants; CGIP 33, 138-155, 1985.

[GARGANTINI 86b]   I. GARGANTINI, T.R. WALSH, O.L. WU: Viewing Transformations of Voxel-Based Objects via Octrees ; IEEE CG & A., October 1986.

[GOSHTASBY 85]   A. GOSHTASBY: Template Matching in Rotated Images; IEEE Tr. on PAMI, Vol. 7, N° 3, May 1985.

[HAMMING 50]   R.W. HAMMING: Error Detecting and Error Correcting Codes; Bell System Tech. L, 29, 147-160, 1950.

[HERBERT 85]   F. HERBERT: Solid Modeling for Architectural Design using Octpaths; Computer and Graphics, Vol. 9, N° 2, 1985.

[HONG 85]   T.-H. HONG, M. SHNEIER: Describing a Robot's Workspace Using a Sequence of Views from a Moving Camera; IEEE Tr. on PAMI, Vol. 7 , N° 6, November 1985.

[HOROWITZ 76]   S.L. HOROWITZ, T. PAVLIDIS: Picture Segmentation by a Tree Traversal Algorithm; Journal of the ACM, Vol. 23, N° 2, April 1976.

[HUNTER 79a]   G.M. HUNTER, K. STEIGLITZ: Operations on Images Using Quadtrees; IEEE Tr. PAMI, Vol. 1, N° 2, April 1979.

[HUNTER 79b]   G.M. HUNTER, K. STEIGLITZ: Linear Transformation of Pictures
                    Represented by Quadtree; CGIP, N° 10, 289 - 296, 1979.

[JACKINS 80]   C.L. JACKINS, S.L. TANIMOTO: Oct-Trees and Their Use in Representing
                    Three-Dimensional Objects; CGIP 14, 249-270, 1980.

[JACKINS 83]   C.L. JACKINS, S.L. TANIMOTO: Quad-Trees, Oct-Trees, and K-Trees: A
                    Generalized Approach to Recursive Decomposition of Euclidean Space;
                    IEEE Tr. on PAMI, Vol. 5, September 1983.

[JAIN 82]   M. LI, W.I. GROSKY, R. JAIN: Normalized Quadtrees with Respect to
                    Translation; CGIP 20, 72-81, 1982.

[JONES 84]   L.P. JONES, S.S. IYENGAR: Space and Time Efficient Virtual Quadtrees;
                    IEEE Tr. on PAMI, Vol. 6, N° 2, March 1984.

[KLINGER 76]   A. KLINGER, C.R. DYER: Experiments on Picture Representation Using
                    Regular Decomposition; CGIP 5, 68-105, 1976.

[KLINGER 79]   A. KLINGER, M.L. RHODES: Organization and Access of Image Data by
                    Areas; IEEE Tr. PAMI, Vol. 1 N° 1, January 1979.

[KNUTH 73]   D.E. KNUTH: The Art of Computer Programming: Fundamental
                    Algorithms, Vol. 1, Addison-Wesley, 1973.

[KUNT 87]   M. KUNT, M. BENARD, R. LEONARDI: Recent Results in High Compression
                    Image Coding; IEEE Tr. on CAS, Vol. 34, N° 11, November 1987.

[LEE 86]   C.-H. LEE: Recursive Region Splitting at Hierarchical Scope of Views; CGIP
                    33, 237-258, 1986.

[LIBERA 86]   F.D. LIBERA, F. GOSEN: Using B-trees to Solve Geographic Range Queries;
                    The Computer Journal, Vol. 29, N° 2, 1986.

[LOZANO-PEREZ 85]   R.A. BROOKS, T. LOZANO-PEREZ: A Subdivision Algorithm in
                    Configuration Space for Find path with Rotation; IEEE Tr. on SMC, Vol. 15,
                    N° 2, March/April 1985.

[MEAGHER 80]   Octree encoding: A new technique for the representation and display of
                    arbitrary 3-D objects by computer; IPL - TR - 80-111, Image Processing
                    Lab., Electrical and Systems Engineering Dept., Rensselaer Polytechnic
                    Institute, October 1980.

[MEAGHER 82a]   D. MEAGHER: Geometric Modeling Using Octree Encoding; CGIP, N° 19,
                    129-147, 1982.

[MEAGHER 82b]   D. MEAGHER: Octree Generation, Analysis and Manipulation; IPL - TR -
                    82-027, Image Processing Lab., Electrical and Systems Engineering Dept.,
                    Rensselaer Polytechnic Institute, April 1982.

[NEWMAN 73]   N.M. NEWMAN, R.F. SPROULL: Principles of Interactive Computer
                    Graphics; New York, Mc Graw-Hill, 1973.

[OLIVER 83a]   M.A. OLIVER, N.E. WISEMAN: Operations on Quadtree Encoded Images;
                    The Computer Journal, Vol. 26, N° 1, 1983.

[OLIVER 83b]   M.A. OLIVER, N.E. WISEMAN: Operations on Quadtree Leaves and Related Images; The Computer Journal, Vol. 26, N° 4, 1983.

[PAVEL 85]   Y. COHEN, M.S. LANDY, M. PAVEL: Hierarchical Coding of Binary Images; IEEE Tr. on PAMI, Vol. 7, N° 3, May 1985.

[PAVLIDIS 77]   T. PAVLIDIS: Structural Pattern Recognition; Springer-Verlag, 1977.

[PAVLIDIS 78]   T. PAVLIDIS: A Review of Algorithms for Shape Analysis; CGIP 7, 243-258, 1978.

[PAVLIDIS 82]   T. PAVLIDIS: Algorithms for Graphics and Image Processing; Computer Science Press, 1982.

[PREPARATA 84]   D.T. LEE, F.P. PREPARATA: A Computational Geometry; IEEE Tr. on Computers, Vol. 33, N° 12, December 1984.

[PREPARATA 85]   F.P. PREPARATA, M.I. SHAMOS: Computational Geometry: An Introduction; Springer-Verlag, 1985.

[RANADE 81a]   S. RANADE: Use of Quadtrees for Edge Enhancement; IEEE Tr. SMC, Vol. 11, N° 5, May 1981.

[RANADE 81b]   S. RANADE, M. SHNEIER: Using Quadtrees to Smooth Images; IEEE Tr. SMC, Vol. 11, N° 5, MAY 1981.

[RANADE 82]   S. RANADE, A. ROSENFELD, H. SAMET: Shape Approximation Using Quadtrees; Pattern Recognition, Vol. 15, N° 1, 1982.

[ROSENFELD 70]   A. ROSENFELD: Connectivity in Digital Pictures; Journal of the ACM, Vol. 17, N° 1, January 1970.

[ROSENFELD 82a]   A. ROSENFELD, A.C. KAK: Digital Picture Processing; Academic Press 1982.

[ROSENFELD 82b]   A.Y. WU, T.H. HONG, A. ROSENFELD: Threshold Selection Using Quadtrees; IEEE Tr. PAMI, Vol. 4, N° 1, January 1982.

[ROSENFELD 83b]   A. ROSENFELD: Quadtrees and Pyramids Hierarchical Representation of Images; in Pictorial Data Analysis, ED: R.M. HARALICK; NATO ASI Series, Computer and Systems Sciences N° 4, 1983.

[ROSENFELD 84a]   A. ROSENFELD: Image Analysis: Problems, Progress and Prospects; Pattern Recognition, Vol. 17, N° 1, 1984.

[ROSENFELD 84b]   Ed: A. ROSENFELD: Multiresolution Image Processing and Analysis; Springer-Verlag, 1984.

[SAMET 79]   H. SAMET: Region Representation: Raster-to-Quadtree Conversion; Computer Science TR-766, University of Maryland, College Park, Maryland, May 1980.

[SAMET 80a]   H. SAMET: Region Representation: Boundary Codes from Quadtrees; CGIP 13, 88-93, 1980.

[SAMET 80b]   H. SAMET: Region Representation: Quadtrees from Boundary Codes; CACM, Vol. 23, N° 3, March 1980.

[SAMET 80c]   C.R. DYER, A. ROSENFELD, H. SAMET: Region Representation: Boundary Codes from Quadtrees; CACM, Vol. 23, N° 3, March 1980.

[SAMET 81a]   H. SAMET: Connected Component Labelling Using Quadtrees; J. ACM 28, 487-501, 1981.

[SAMET 81b]   H. SAMET: Computing Perimeters of Regions in Images Represented by Quadtree; IEEE Tr. PAMI, Vol. 3, N° 6, November 1981.

[SAMET 82a]   H. SAMET: Neighbor Finding Techniques for Images Represented by Quadtrees; CGIP 18, 37-57, 1982.

[SAMET 82b]   H. SAMET: Distance Transform for Images Represented by Quadtrees; IEEE Tr. PAMI, Vol. 4, N° 3, May 1982.

[SAMET 83]   H. SAMET: A Quadtree Medial Axis Transform; CACM, Vol. 26, N° 9, September 1983.

[SAMET 84a]   H. SAMET: Algorithms for the Conversion of Quadtrees to Rasters; CGIP 26, 1-16, 1984.

[SAMET 84b]   H. SAMET, R.E. WEBBER: On Encoding Boundaries with to Quadtrees; IEEE Tr. on PAMI, Vol. 6, N° 3, May 1984.

[SAMET 84c]   H. SAMET, A. ROSENFELD, C.A. SHAFFER, R.E. WEBBER: A Geographic Information System Using Quadtrees; Pattern Recognition, Vol. 17, N° 6, 1984.

[SAMET 84d]   H. SAMET: The Quadtree and Related Hierarchical Data Structures; Computing Surveys, Vol. 16, N° 2, June 1984.

[SAMET 84e]   H. SAMET, M. TAMMINEN: Experiences with New Image Component Algorithms; EUROGRAPHICS 84, Elsevier Science Publishers B.V., 239-249, 1984.

[SAMET 85a]   H. SAMET: A Top-Down Quadtree Traversal Algorithm; IEEE Tr. On PAMI, Vol. 7, N° 1, January 1985.

[SAMET 85b]   H. SAMET, M. TAMMINEN: Computing Geometric Properties of Images Represented by Linear Quadtrees; IEEE Tr. on PAMI, Vol. 7, N° 2, March 1985.

[SAMET 85c]   H. SAMET: Reconstruction of Quadtrees from Quadtree Medial Axis Transforms; CGIP 29, 311-328, 1985.

[SAMET 85d]   H. SAMET: Data Structures for Quadtree Approximation and Compression; CACM, Vol. 23, N° 9, September 1985.

[SAMET 85e]   H. SAMET, C.A. SHAFFER: A Model for the Analysis of Neighbor Finding in Pointer-Based Quadtrees; IEEE Tr. on PAMI, Vol. 7, N° 6, November 1985.

[SHEPARD 85a]   M.S. SHEPARD, N.A.B. YEHIA, G.S. BURD, T.J. WEIDNER: Computational Strategies for Non linear and Fracture Mechanics problems: Automatic Crack Propagation Tracking; Computers & Structures, Vol. 20, N° 1, 1985.

[SHEPARD 85b]   M.A. YERRY, M.S. SHEPARD: Trends in Engineering Software and Hardware: Automatic Mesh Generation for Three-Dimensional Solids ; Computers & Structures, Vol. 20, N° 1, 1985.

[SHNEIER 81a]   M. SHNEIER: Path-Length Distances for Quadtrees; Information Sciences 23, 49-67, 1981.

[SHNEIER 81b]   M. SHNEIER: Calculations of Geometric Properties Using Quadtrees; CGIP 16, 296-302, 1981.

[SIMON 80]   J.C. SIMON, J. QUINQUETON: On the Use of a PEANO Scanning in Image Processing; in Issues in Digital Image Processing, Ed.: R.M. HARALICK, J.C. SIMON; NATO ASI SERIES, APPLIED SCIENCE N° 34, 1980.

[SRIHARI 81]   S.N. SRIHARI: Representation of Three-Dimensional Digital Images; Computing Surveys, Vol. 13, N° 4, December 1981.

[SRIHARI 82]   S.N. SRIHARI: Hierarchical Data Structures and Progressive Refinement of 3-D Images; 1982 IEEE?

[SRIHARI 84]   D.M. HARDAS, S.N. SRIHARI: Progressive Refinement of 3-D Images Using Coded Binary Trees: Algorithms and Architecture; IEEE Tr. on PAMI, Vol. 6, N° 6, November 1984.

[SUK 83]   M. SUK, N.M. CHUNG: A New Image Segmentation Technique Based on Partition Mode Test; Pattern Recognition, Vol. 16, N° 5, 1983.

[SUTHERLAND 74b]   I.E. SUTHERLAND, R.F. SPROULL, R.A. SCHUMACKER: A Characterization of Ten Hidden-Surface Algorithms; ACM Computing Surveys, Vol. 6, N° 1, 1974.

[TAMMINEN 84a]   M. TAMMINEN: Comment on Quad-and-Octrees; CACM, Vol. 27, N° 3, March 1984.

[TAMURA 84]   H. TAMURA, N. YOKOYA: Image Database Systems: a Survey; Pattern Recognition, Vol. 17, N° 17, 1984.

[TANIMOTO 75]   S. TANIMOTO, T. PAVLIDIS: A Hierarchical Data Structure for Picture Processing; CGIP 4, 104_119, 1975.

[TANIMOTO 80]   S. TANIMOTO, A. KLINGER (Eds): Structured Computer Vision: Machine Perception through Hierarchical Computation; Academic Press, NY, 1980.

[TARJAN 84]   D. HAREL, R.E. TARJAN: Fast Algorithms for Finding Nearest Common Ancestors; SIAM J. Comput., Vol. 13, N° 2, May 1984.

[VAN LIEROP 86]   M.L.P. VAN LIEROP: Geometric Transformations on Picture Represented by Leafcodes; CGIP 33, 81-98, 1986.

[WARNOCK 69]   J.E. WARNOCK: A Hidden-Surface Algorithm for Computer Generated Half-Tone Pictures, TR-4-15, University of UTAH, 1969.

[WOODWARK 82]   J.R WOODWARK: The Explicit Quadtree as a Structure for Computer Graphics; The Computer Journal, Vol. 25, N° 2, 1982.

[WOODWARK 84]   J.R. WOODWARK: Compressed Quadtrees; The Computer Journal, Vol. 27, N° 3, 1984.

[YAU 81]   M.M. YAU, S.N. SRIHARI: Digital Convex Hulls from Hierarchical Data Structures; CMCCS 81/ACCMO 81.

[YAU 83]   M.M. YAU, S.N. SRIHARI: A Hierarchical Data Structure for Multidimensional Digital Images; CACM, Vol. 26, N° 7, July 1983.

[YAU 84]   M.M. YAU: Generating Quadtrees of Cross Sections from Octrees; CGIP 27, 211-238, 1984.

[YERRI 83]   M.A. YERRI, M.S. SHEPARD: A Modified Quadtree Approach to Finite Element Mesh Generation; IEEE CG & A, January/February 1983.

[ZAHN 71]   C.T. ZAHN: Graph-Theoretical Methods for Detecting and Describing Gestalt Clusters; IEEE Tr. on Computers, Vol. 20, N° 1, January 1971.

[ZUCKER 76]   S.W. ZUCKER: Region Growing Childhood and Adolescence; CGIP 5, 382-399, 1976.

Glossaire

adjacence : relation directe entre deux points dans un graphe, relation de proximité en géométrie discrète, le plus souvent déduite de la distance employée sur l'espace d'intérêt (cf. distance, voisinage, connexité).

adressage mémoire : dans le cadre de systèmes à mémoire partitionnée, partagée ou distribuée, recrée des adressages globaux par adressage contigu, entrelacé ou toute stratégie mélangeant *ces* deux approches (notamment par brassage des bits d'adressage).

agrégation : méthode en analyse statistique qui permet de réunir de ensembles de données ou de calculer des mesures sur ces mêmes ensembles (indices agrégatifs employés notamment dans la réalisation de tableaux de bord).

algèbre booléenne : algèbre ensembliste, ensemble des opérations que l'on peut générer par combinaison sur un sous-ensemble fini composé d'opérations ensemblistes élémentaires (assertion, négation, réunion, intersection, exclusion, différence).

algèbre borélienne : ensemble de parties d'un espace clos pour l'ensemble des opérations algébriques qui peuvent être appliquées dessus – si le nombre de ces opérations est dénombrable, il s'agit alors d'une sigma-algèbre ou tribu borélienne. Les sigma-algèbres sont à la base des théories de la mesure et des probabilités – dans le cas présent, il s'agit des intervalles semi-ouverts issus de la décomposition régulière de l'espace unitaire à une précision entière finie pour une algèbre borélienne et une sigma-algèbre lorsque la précision tend vers l'infini.

algèbre relationnelle : ensemble d'opérations que l'on peut générer par combinaison sur un sous-ensemble fini composé d'opérations relationnelles élémentaires (réunion, intersection, jointure, produit cartésien,...).

algorithmes : procédure de calcul enchaînant un nombre fini de règles de calcul simples permettant de réaliser une fonction complexe - on distingue les <u>algorithmes séquentiels</u> des <u>algorithmes parallèles</u> où l'ordre dans lequel les opérations sont appliquées où les données sont traitées importent moins.

altimétrie : technique de la mesure des altitudes, par extension l'ensemble des altitudes régulièrement échantillonnées sur un rapport cartographique plan.

amincissement : opération topologique qui permet d'éroder un ensemble sans détruire l'ordre de connexité de ses points - son itéré infini produit l'ensemble médian de l'ensemble.

analyse : décomposition d'un tout en ses parties (cf. synthèse)

analyse d'images : ensemble des techniques de décomposition d'images en sous-ensembles élémentaires, c'est-à-dire de fonctionnelles régulièrement échantillonnées sur des supports plans.

analyse factorielle : technique d'analyse statistique de données par recherche et visualisation des données selon leurs facteurs premiers (axes principaux d'inertie du nuage).

analyse linéaire : technique d'analyse mathématique s'intéressant aux décompositions de fonctions au premier ordre dans des espaces multidimensionnels et à leur manipulation par algèbre matricielle, permettant notamment de résoudre directement des systèmes inverses.

analyse des séries chronologiques : branche particulière de l'analyse statistique qui s'intéresse aux systèmes aléatoires évoluant dans le temps.

analyse spatiale : branche particulière de l'analyse statistique qui s'intéresse aux systèmes aléatoires évoluant dans l'espace.

analyse statistique : analyse de systèmes aléatoires ou non comportant un grand nombre d'éléments, dont on cherche à distinguer les facteurs exogènes des facteurs endogènes entre plusieurs observations d'un même événement.

analyse structurale : branche de l'analyse systémique s'intéressant à la décomposition de systèmes en sous-systèmes et à l'étude des échanges qu'ils nourrissent entre eux par le biais de matrices d'échanges ou de graphes d'interconnexion.

appariement : en reconnaissance de formes structurelles, procédure qui permet de trouver un isomorphisme (une forte analogie) entre deux sous-graphes de deux graphes.

apprentissage : étape en reconnaissance des formes où l'on ajuste une procédure de reconnaissance, en général en montrant l'exemple sur un jeu de données sélectionné à l'avance.

approximation : méthode numérique permettant de reproduire un jeu de données avec une certaine erreur - en général celle-ci est contrôlée, et il produit un modèle mathématique qui a été ajusté aux données.

arbre : structure de données informatique et graphe orienté de degré entrant unitaire en théorie des graphes.

arbre complet : arbre dont toutes les branches sont développées (par exemple, les arbres pyramidaux).

arbre équilibré : arbre structuré de telle manière que l'ensemble des branches soient à peu près toutes développées et offrant par voie de conséquence les accès les plus rapides à un même ensemble de données fixé.

arbre binaire : arbre d'ordre 2, permettant de représenter un jeu de données fini dans un espace borné de dimension 1.

arbre quaternaire : arbre d'ordre 4, permettant de représenter un jeu de données fini dans un espace borné de dimension 2.

arbre octernaire : arbre d'ordre 8, permettant de représenter en jeu de données fini dans un espace borné de dimension 3.

arbre d'ordre 2^k **:** arbre permettant de représenter un jeu de données fini à une précision donnée dans un espace borné de dimension k.

arbre pyramidal : arbre d'ordre 2^k, où toutes les branches sont développées jusqu'à la précision maximale de représentation des données.

archivage : recueillir, classer et conserver des informations.

archivage de premier niveau : archivage d'informations récentes dans un format brut de toute transformation.

archivage de second niveau : archivage d'informations anciennes ou d'informations remplacées après compression de l'information.

attitude : information d'orientation d'un objet présent dans un référentiel : dans le plan, angle du grand axe d'inertie avec l'axe des abscisses du référentiel ; dans l'espace, matrice des angles d'Euler de l'objet dans son repère propre.

attributs : mesures réalisées globalement sur l'ensemble des informations caractérisant un objet (on parle aussi de caractéristiques) ; elles permettent de mettre en œuvre des techniques de reconnaissance de formes statistique pour identifier des objets.

attributs en analyse statistique : mesures réalisées sur des populations d'objets dont on tire un vecteur moyen, une matrice de variance-covariance, etc...

attributs en géométrie différentielle : mesures qui s'appliquent à des informations de nature surfacique (c'est-à-dire des fonctionnelles évoluant selon un support plan), comme la surface moyenne, le plan tangent, le tenseur de courbure.

attributs en géométrie discrète : mesures qui s'appliquent à des informations de nature volumique (le support des fonctionnelles précédentes), comme les moments généralisés, le rectangle exinscrit, le facteur de forme.

authentification : action particulière en reconnaissance de formes où l'on ne cherche pas à identifier une forme, mais à confirmer qu'elle est bien celle qu'on cherche à observer (on vérifie la vraisemblance de l'étiquette proposée pour une forme observée).

axes médians : lieu des points à égal distance des frontières d'un objet ; c'est une description topologique qui varie en fonction de la distance employée, on parle aussi de squelette de l'objet.

axes propres : ou aussi d'inertie, ils permettent d'assimiler un objet à son ellipsoïde d'inertie et fournissent des informations sur l'attitude d'un objet autour de son centre de gravité ; ils sont déduits des moments généralisés et permettent de définir le repère propre d'un objet.

axes principaux : ce sont les axes qui présentent la plus grande inertie parmi les axes propres, en analyse de données statistiques, ils permettent de réduire l'espace d'observation à un sous-espace et d'observer les données en perdant un minimum d'information (analyse descriptive).

calcul intensif : mise en œuvre d'algorithmes où le calcul numérique utilise une part prédominante dans le temps (par exemple, résolution de systèmes d'équations différentielles de grande taille).

calcul parallèle : mise en œuvre d'algorithmes sur des calculateurs à architecture particulière, privilégiant la mise en parallèle des traitements sur des unités de calcul similaires pour réduire le temps de traitement.

calcul vectoriel : mise en œuvre d'algorithmes sur des calculateurs à architecture particulière, privilégiant la mise en parallèle des certaines opérations arithmétiques pour des données se présentant sous forme de vecteurs.

calculateur asynchrone : calculateur à architecture parallèle où chaque processeur dispose d'une unité de contrôle propre au flot d'instructions, permettant l'exécution de programmes différenciées sur ceux-ci.

calculateur synchrone : calculateur à architecture parallèle où tous les processeurs partagent la même unité de contrôle du flot d'instructions, entraînant l'exécution d'un seul et même programme simultanément sur l'ensemble des données gérées.

caractéristiques : attributs.

catalogage : signaler, indexer et condenser des informations.

classes : sous-ensembles partageant la même propriété.

classification : définir des classes.

classification des architectures de calculateurs : Flynn a établit une classification des architectures de calculateurs fondé sur l'ordre de multiplicité des flots d'instructions et de données (SISD, MISD, SIMD MIMD), auquel on associe un modèle de programmation SPMD pour distinguer les deux cas de parallélisme massif (SIMD, SPMD sur architecture MIMD).

classification hiérarchique : méthodes de classification menant à la construction de partitions emboîtées, généralement représentées sous forme arborescente, dont les parties peuvent être comparées à l'aide d'une distance ultramétrique.

classification par partitionnement : méthodes de classification guidées par la construction d'une partition sur un ensemble de données (la grande majorité des méthodes de classification).

classification supervisée : réaliser une classification où la manière de classer est montrée par un professeur, celui-ci étiquette un jeu d'apprentissage avec les étiquettes des classes souhaitées.

classification non supervisée : réaliser une classification où la manière de classer est directement calculée par la méthode de classification sans faire appel à un professeur pour étiqueter un jeu d'apprentissage.

classification thématique : en analyse d'image multispectrale de télédétection, classification des vecteurs de luminescence des points de l'image, de manière à tenter de retrouver la nature physique des éléments de couverture sur le sol (neige, eau, champs, forêts, zones urbaines,...).

compacité : état pour une forme d'être similaire aux voisinages ou à une faible réunion de voisinages de la topologie de l'espace de description - en analyse d'images planes la compacité d'un objet se mesure grâce au facteur de forme qui est le rapport de la surface de l'objet sur le carré de son périmètre : plus il est proche de l'unité, plus la forme est compacte.

composante connexe : sous-ensemble de points connexes (classe d'équivalence selon une relation de connexité ou d'adjacence).

composante homogène : sous-ensemble de données de même nature.

compression : action permettant de réduire le volume d'un ensemble d'informations (analyse) ; l'ensemble original est restitué par décompression (synthèse).

compression avec perte d'information : méthode de compression pour laquelle il n'est pas assuré que lors de la décompression les informations originales puissent être restituées sans altération.

compression sans perte d'information : méthode de compression pour laquelle on est assuré de reconstituer l'ensemble des informations originales, elle équivaut en général à réaliser une conversion de format de représentation.

condensation : réduire le volume d'information tout en conservant les informations principales.

connexité : lien ou relation directe entre deux points d'un ensemble ; en général dans un espace métrique relation de proximité, dans leur espace discrétisé relation de voisinage.

contour : frontière d'un objet dans le plan ; il possède la propriété de pouvoir être visitée en une seule fois et d'une seule manière (suivi de contour).

conversion de format de représentation : opération de conversion d'un jeux de données d'un format de représentation dans un autre format.

conversion thématique : pendant ou après classification thématique, opération permettant de convertir une image multispectrale en une image thématique dont les pseudo-couleurs représentent les thèmes associés aux vecteurs de luminescence identifiés lors de la classification.

correction géométrique : action de correction de la géométrie d'une image satellitale pour compenser les mouvements du satellite sur sa trajectoire par rapport à la scène observée.

correction radiométrique : correction des détecteurs d'acquisition de données en fonction de paramètres connus concernant leur fonctionnement individuel ; en général une égalisation inter-détecteur est réalisée.

degré de connexion : nombre maximal d'éléments avec lequel un élément peut être mis en relation.

dimension intrinsèque : grossièrement, dimension de l'espace dans lequel on pourrait paginer un objet par une transformation continue de manière à ce qu'il en recouvre une majeure partie ; ainsi un point a une dimension intrinsèque nulle, une courbe la valeur un, une surface deux - par approximation linéaire par morceaux, ces éléments correspondent en cartographie aux structures planimétriques ponctuelles, linéaires, surfaciques.

distance : mesure permettant d'évaluer la proximité de deux points (métrique) ou de deux ensembles de points (ultramétrique), imprime une topologie bien particulière à l'espace et s'appuie sur un maillage spécifique, lorsqu'on discrétise cet espace.

distance métrique : déduite de l'une des distances d_k (racine kième de la somme des puissances kièmes de la valeur absolue de la différence des coordonnées), on s'intéresse plus particulièrement à trois d'entre elles, d_1 et d_∞ que l'on discrétise sur des maillages régulièrement échantillonnés selon chaque dimension de l'espace et d_2 que l'on discrétise sous forme d'un maillage hexagonal dans le plan.

distance ultramétrique : on s'intéresse aux distances de Haussdorf ou de Hamming, qui sont compatibles avec les maillages réguliers issus de d_1, et d_∞ et créent sur ces espaces des topologies plus grossières, mais pour lesquels on peut gérer de manière hiérarchique une partition (c'est notamment le cas des arbres d'ordre 2^k).

division : principe de résolution employé par les algorithmes qui suivent le paradigme "diviser pour conquérir" et qui consiste à découper un problème en sous-problèmes lorsqu'on ne peut le résoudre directement ; il imprime un processus hiérarchique aux structures de données visitées dans le cadre de cette résolution (le tri, une transformée de Fourier ou le calcul d'une enveloppe convexe suivent cette stratégie pour produire des algorithmes optimaux en temps de calcul).

échantillonnage-ré-échantillonnage : discrétisation d'un ensemble de données continues, en général réalisée selon un pas fixe sur les dimensions du support et de la fonctionnelle à acquérir ; des données maillées peuvent être fortement altérées par une transformation géométrique - les données vectorisées supportent mieux ces transformations que les données cellulaires.

échelle : on peut observer l'évolution d'un système complexe à différente échelle de résolution : globale, médiane et locale (macro-, méso-, micro-échelle) - les échelles hautes et les échelles intermédiaires sont généralement obtenues par agrégation des informations - les interactions entre sous-ensembles sont observées en fonction de leur portée à l'échelle correspondante : ainsi la reconnaissance des formes statistique ne s'intéresse qu'à des phénomènes globaux s'appliquant à des formes, alors que la reconnaissance des formes structurelle ne s'intéresse qu'à des arrangements locaux sur les primitives issues de la décomposition de ses mêmes formes.

échelle de grandeur : les volumes manipulés en archivage de données numériques peuvent être colossaux - chaque échelle nécessite ses propres fonctions d'enregistrement, de mise à jour et d'interrogation de données - en les cascadant, il est envisageable d'agir de manière interopérable entre les différents niveaux de description des données - des rapports de 1000 permettent actuellement de relier ces échelles.

élimination des parties cachées : opération permettant de supprimer sur un objet observé toutes les parties qui ne peuvent être vues d'un observateur situé en un point donné: cette opération intervient lors de la présentation sur un écran plan d'une scène tridimensionnelle vue en perspective, ou lors du calcul du graphe de visibilité associé à un système d'observation positionné sur un relief numérique.

enregistrement : consigner une information pour la conserver de manière à pouvoir la restituer.

épaisseur : plus petit diamètre d'un objet - lorsqu'on analyse un objet à une précision du même ordre que son épaisseur, la dimension intrinsèque de ce même objet peut baisser (objet d'épaisseur unitaire).

épigraphe : demi-espace supérieur à une courbe ou une surface.

espace borné : tous les ensembles manipulés sont supposés être observés dans des espaces aux limites finies, généralement connues (référentiel) ou calculé (opérations en limite inductive).

espace fonctionnel : domaine d'évolution des données observées - pour des images, la luminescence ou le vecteur de réponse radiométrique.

espace support : espace sur lequel se repartissent ces mêmes données, qui lorsqu'elles sont discrétisées induisent un maillage sur cet espace.

étiquetage : action qui consiste à poser des étiquettes (à marquer) des expériences et qui est réalisé après la partitionnement d'un ensemble pour classer les données.

filtrage convolutif : filtrage numérique d'un signal fondé sur l'emploi d'un opérateur de convolution, dont l'ordre permet de réaliser soit une opération d'intégration, soit une opération de dérivation sur ces données.

filtrage topologique : ou filtrage morphologique, fondé sur remploi de deux transformations de base, l'érosion et la dilatation - s'applique sur des données binaires (espace support) ou sur des données multivaluées (surface associée aux fonctionnelles).

forêt : collection de graphes non-connexes, le plus souvent des arbres qui représentent des composantes connexes de l'espace.

forme : structure d'un objet.

forme simple : structure géométrique simple - dans le plan, le contour d'un tel objet peut être représenté par une approximation polynomiale par morceaux.

forme complexe : collection de structures géométriques simples partageant des relations de proximité.

frontière : ensemble des points d'une composante connexe qui sont connexes à la fois à l'intérieur et à l'extérieur de la composante.

géométrie algorithmique : branche particulière de la géométrie qui se préoccupe des procédures de calcul permettant d'extraire et de transformer les structures géométriques inscrites dans les ensembles de données numériques.

géométrie analytique : branche particulière de la géométrie qui a trait à la manipulation de formes géométriques par le moyen de développements analytiques, c'est-à-dire à la décomposition de formes en primitives (approximation par des développements en série limités de courbes et de surfaces).

géométrie constructive : synthèse par l'emploi de combinaison algébrique (grâce aux opérations booléennes complétées de quelques transformations de géométrie affine) de formes géométriques complexes.

géométrie différentielle : extension de la géométrie analytique où les coefficients impliqués dans les développements en série limités sont interprétés comme des opérateurs différentiels locaux et grâce auxquels il est possible d'extraire des attributs pour caractériser localement la forme analysée.

géométrie discrète : ensemble des propriétés et des transformations induites par l'échantillonnage d'une forme géométrique discrétisée sur un maillage régulier ou non - il s'agit principalement de propriétés de voisinages et de transformations topologiques (composantes connexes, érosion-dilatation, intérieur-frontière-extérieur).

géométrie projective : ensemble des techniques qui permettent de projeter les données présentes dans un sous-espace ; deux cas doivent être plus particulièrement notés, celui de la géométrie en perspective où l'on recherche à connaître ce qui peut être observé à partir d'un point de vue donné dans l'espace et celui de la réduction d'informations en analyse de données statistique où l'on se contente de projeter l'espace initial d'observation dans le sous-espace principal associé au centre de gravité et aux propriétés inertielles du nuage de données - dans le premiers cas, un homographie est utilisée, dans le second une orthographie (point de vue à l'infini).

gestion de base de données : ensemble des moyens qui permettent d'enregistrer, de mettre à jour, et d'accéder selon des schémas d'interrogation variés une collection de données informatiques.

gestion de données en fichier : ensemble des moyens qui permettent d'enregistrer, de mettre à jour et d'interroger des données informatiques sous la forme d'une collection dont l'organisation est explicite.

gestion des données sur disque : ensemble des moyens qui permettent d'enregistrer, de mettre à jour ou d'accéder à des données informatiques sur un médium physique particulier, le disque en informatique.

gestion de données massives : ensemble des techniques particulières qui permettent d'enregistrer des collections de données informatiques d'un encombrement très supérieur aux volumes communément manipulés.

granule de mémoire : unité minimum d'allocation de donnée dans une mémoire paginée ou une mémoire virtuelle - lorsque celle-ci est de longueur fixe, il n'est pas théoriquement pas nécessaire de mettre en place un ramasse-miettes pour réorganiser la mémoire libre (cela n'est pas tout-à-fait vrai pour les données gérées sur disque).

homotopie : transformation continue en topologie.

hypographe : demi-espace inférieur à une courbe ou une surface.

hypothèse de distribution : forme supposée de la distribution statistique suivie par des données lorsqu'on emploie certaines techniques d'analyse de données statistique (par exemple les techniques d'analyse factorielle sont soumises à l'hypothèse d'une distribution gaussienne pour la répartition des données) - l'hypothèse de distribution est remplacée par une hypothèse de structuration topologique de l'espace observé pour les méthodes reposant sur l'analyse topologique.

identification : ajuster les coefficients d'un modèle paramétrique sur un jeu de données numériques, ou classer une observation selon une classification apprise.

image généralisée : superposition de différents modèles de représentation de données pour décrire une image numérique (représentations cellulaire, segmentation, décomposition en structures géométriques, organisation relationnelle des composantes homogènes).

image monochrome : image digitalisée selon une seule bande de fréquences lumineuses.

image multichrome : image digitalisée selon différentes bandes de fréquences lumineuses, où chaque contribution radiométrique est conservée de manière différenciée en plusieurs images numériques.

image panchromatique : image digitalisée selon différentes bandes de fréquences lumineuses, mais où l'on ne conserve que la réunion de ces réponses en une seule image numérique.

image pseudo-couleur : image cellulaire où la valeur en un point du tableau ne représente pas une luminescence, mais l'étiquette d'une composante connexe auquel appartient la luminescence ou le vecteur de luminescences pour une image multispectrale.

index calculé par hachage : formule de rangement d'une information fondée sur la transformation algébrique directe de l'expression binaire de cette même information c'est une formule rapide pour retrouver une information, mais pouvant créer à la fois des trous de répartition et des collisions de référencement.

index calculé par liste séquentielle : formule de rangement de l'information fondé sur le tri des informations et l'accès séquentiel à celles-ci - pour accéder à un information il est nécessaire de les parcourir presque toutes, par contre ce système ne génère ni trou, ni collision.

index calculé par arbre : formule de rangement de l'information fondé sur le tri des informations et l'accès arborescent à celles-ci - pour accéder à une information, seule une branche de l'arbre doit être parcourue - si ce système ne génère ni collision, l'accès en un temps minimal nécessite de réorganiser dynamiquement l'index pour obtenir un arbre équilibré.

index dynamique : index arborescent, recalculé à chaque mise à jour des informations de manière à obtenir un temps d'accès minimum aux informations - le temps de réorganisation de l'index croit avec le volume de données indexées et peut devenir prohibitif dans le cas de gestion de données massives.

index statique : index arborescent, défini statiquement à la création de la base de données et non modifié à la mise à jour des informations - le temps d'accès est sous-optimal, mais aucune durée de calcul n'est consacrée à une réorganisation des données, cette formule d'indexation semble mieux convenir à la gestion de données massives.

indexation : méthode de rangement d'une donnée dans une collection de données.

indice de similarité : mesure comparative entre deux informations induisant un pré-ordre sur une collection de données numériques, technique d'analyse statistique permettant d'ordonner les réponses selon un ordre de vraisemblance à l'issue d'une interrogation par l'exemple appliquée à une base de données numériques.

information cartographique : représentation plane ou résultat d'une projection plane appliquée à une information géographique.

information géographique : information qui porte sur la description de la Terre.

information géométrique : information sur la description d'objets dans les espaces où ils sont observés ou représentés.

interprétation : mot employé au sens réduit de classer, c'est-à-dire d'associer une étiquette à une observation (signification descriptive, mais non explicative).

interrogation : recherche d'information exprimée sous la forme d une question, requête.

interrogation par adresse : requête effectuée en spécifiant l'endroit où se trouve rangée l'information recherchée.

interrogation par l'exemple : requête réalisée en montrant l'information ou le type d'information recherchée.

interrogation par le contenu : proche de l'interrogation par l'exemple, dans le sens ou de l'exemple on reconstitue les informations qui devraient être présentes dans le système de gestion des données.

interrogation structurée : requête rédigée dans un langage algébrique décrivant les relations que devraient partager les éléments simples de la réponse.

invariance : invariance aux transformations géométriques, propriété que doivent suivre des mesures réalisées sur des objets pour qu'il soit possible d'employer des techniques d'analyse statistique pour les classifier, sinon l'information de localisation doit être systématiquement associée à l'objet à enregistrer - cette propriété est difficile à suivre dans des espaces projectifs et ne se vérifie facilement qu'aux points d'observation quasiment à l'infini (il faut du recul pour reconnaître globalement une forme).

localisation : action permettant de situer en position et en attitude un objet dans son espace d'observation.

maillage : structuration topologique induite par la discrétisation d'un ensemble de données numériques sur un espace support - lorsque la discrétisation s'effectue à pas constant sur les axes du support, on obtient un maillage régulier duquel on peut extraire des ordres partiels de rangement ou de parcours des données (ex : quadrillage) - dans le cas contraire, seule une information de proximité est conservée (ex : triangulation de Delaunay).

mémoire globale : procédé permettant d'adresser d'un seul tenant et d'accéder à tout ou partie de la mémoire présente dans un système multiprocesseur.

mémoire paginée : mémoire découpée en bloc de longueur fixe, la page, permettant de mettre en œuvre un mécanisme d'allocation de mémoire sans réorganisation et un système d'adressage rapide par translation d'adresse.

mémoire segmentée : mémoire partitionnable en segments de longueur variable, permettant de mettre en œuvre un mécanisme d'allocation de mémoire nécessitant une réorganisation périodique de l'espace libre.

mémoire virtuelle : procédé permettant d'adresser et d'accéder à un volume de mémoire supérieur à ce qui est directement accessible par les processeurs - il met en œuvre une mémoire secondaire avec laquelle il communique par échange de granules.

mesure de Lebesgue : mesure qui coïncide avec les volumes des produits cartésiens des intervalles bornés de R dans R^n. Cette mesure est à la base du calcul de l'intégrale de Lebesgue qui est définie comme la valeur limite de deux séries formées par les produit de deux fonctions étagées encadrant une fonction continue par morceaux avec cette mesure convergeant à l'infini vers une valeur finie unique.

modèles de programmation parallèle : méthodes employées pour la programmation de calculateur parallèle - deux d'entre elles sont plus particulièrement évoquées : la programmation guidée par les données sur architecture SIMD et la programmation par échange de messages sur architecture MIMD.

moments généralisés : mesures intégrales réalisées sur les objets permettant d'obtenir des mesures mutuellement indépendantes, des informations de localisation dans l'espace d'observation et des valeurs invariantes aux similitudes - calculées en intégrant des monômes sur le support des objets, développés jusqu'à un ordre donné.

morceaux : décomposition du support d'une fonctionnelle de manière à pouvoir ajuster sur celle-ci des développements en série de fonctions d'ordre peu élevé.

multidimensionnel : fait d'être décrit dans un espace de plusieurs dimensions - deux en analyse d'image, trois dans l'espace réel, plusieurs en analyse de données statistique ou en recherche opérationnelle.

multi-échelle : fait d'être décrit à différente échelle de représentation (macro-, méso-, micro-échelle) - permet de distinguer les interactions en fonction de leur portée en analyse structurale.

multirésolution : fait de décrire un signal comme une série continue de représentations observées à différentes résolutions progressant selon une loi géométrique donnée.

multispectral : fait d'être décomposé, pour un signal, sur un ensemble de signaux élémentaires, en général caractérisés par une fréquence propre, dont la recomposition permet de reconstituer le signal initial.

navigation : possibilité de se déplacer dans une base de données numériques relativement à un référentiel fixé.

objet : ensemble de données homogènes sur lequel peut être mis en œuvre un processus d'interprétation.

observation : acquisition d'informations sur la présence d'objets dans un espace donné (grâce à un système de perception).

opération algébrique : enchaînement d'un certain nombre d'opérations élémentaires que l'on peut formellement exprimer par l'intermédiaire d'un langage.

opération booléenne : opération s'appliquant à des ensembles et produisant un nouvel ensemble.

opération en limite inductive : opération dont on peut déduire le référentiel du résultat connaissant ceux de ses opérandes lorsqu'on travaille sur des espaces bornés.

opération géométrique : transformation géométrique d'un ensemble en un autre - elle pose des difficultés lors du ré-échantillonnage des données appartenant à des ensembles discrets.

opération topologique : transformation continue de la forme d'un objet, permettant de conserver l'ordre de connexion du graphe associé.

optimisation : méthode numérique permettant de localiser l'optimum (minimum ou maximum) d'une fonctionnelle - employée en approximation pour réduire l'erreur entre les données et les modèles numériques qui servent à les approcher.

optimisation sous contraintes : cas particulier de l'optimisation, où la recherche s'effectue sur un domaine restreint du support que l'on exprime par des contraintes - employée dans certaines branches de la recherche opérationnelle, notamment pour résoudre des problèmes d'allocation de ressources finies.

ordonner-trier : ranger une suite d'éléments en fonction d'une relation d'ordre.

ordre : façon selon laquelle on peut placer des éléments les uns avec les autres - position jusqu'à laquelle on s'intéresse pour des éléments dans une liste rangée.

ordre de connexion : nombre d'éléments avec lequel un élément peut être mis en relation.

ordre de développement : rang jusqu'auquel on s'intéresse pour approximer une fonction par des développement limités (ordre zéro, fonction constante - ordre 1, linéaire - ordre 2, quadrique - ordre 3, cubique).

ordre d'une singularité : ordre d'un développement pour lequel on ne peut approximer une fonction en un lieu donné d'un support - la fonctionnelle ou le tenseur différentiel à cet ordre est localement discontinu.

orientation : attitude d'un objet autour d'une position dans un espace donné, mesurée relativement aux axes d'un référentiel.

parallélisation : action de rendre exécutable un algorithme qu'il soit séquentiel ou parallèle sur un calculateur parallèle - acte qu'on distinguera du problème de l'élaboration d'algorithme parallélisable : dans le premier cas, il s'agit d'un problème de traduction, dans le second d'un problème de conception.

partitionnement : division d'un ensemble en un certain nombre de sous-ensembles.

partitionnement de données : répartition d'un ensemble de données sur un certain nombre d'unités mémoire.

perception active : acquisition d'informations sur un environnement en agissant sur celui-ci - en général en émettant un signal et en analysant le signal reçu en retour de son interaction sur l'environnement à observer.

perception passive : acquisition d'informations sur un environnement sans agir sur celui-ci - on se borne à analyser les émissions naturelles des signaux produits par l'environnement.

perspective : déformation produite sur un espace lorsqu'on l'observe en un point donné.

planimètrie : détermination par projection plane de l'ensemble des structures géométriques présentes sur un terrain donné.

planisphère : résultat d'une projection d'une sphère sur un plan - en pratique, carte représentant les deux hémisphères terrestres ou célestes.

points de contrôle : points d'appui sur lesquels reposent les approximants participant à l'approximation régulière par morceaux d'une surface - en général les sommets du support de l'approximant dans le maillage employé.

polynôme d'ajustement : polynôme approximant sur un élément de maillage en jeu de données - l'ajustement est en général une approximation sans erreur.

position : lieu où se situe un objet dans un espace.

précision : mesure du détail, mesure de l'élément de taille minimale pris en compte - on distingue ainsi la précision d'acquisition des observations, de la précision de calcul pour les opérateurs qui peuvent être appliqués sur ces observations, de la précision de représentation qui est la valeur sous laquelle ces observations sont conservées.

précision variable : qualité des opérations qui peuvent être appliquées à une précision quelconque, capable de traiter des objets de manière grossière, comme de manière détaillée - cette propriété influe sur le temps de traitement des opérations et permet de proposer des opérateurs travaillant en temps contrôlé.

primitive : ensemble de fonctions ou de formes simples sur lequel il est possible de décomposer un objet géométrique - lorsqu'on s'intéresse à la frontière d'un objet ensemble des fonctions qui permettent d'en approcher la frontière par une description par morceaux - généralement des segments de droite pour une forme plane (approximation linéaire).

projection : opération qui permet de ramener un ensemble de données d'un espace de dimension fixée à un espace de dimension inférieure.

prolongement : opération qui permet d'étendre un ensemble discret de données de manière à produire un recouvrement continu de l'espace support - cette opération implique une hypothèse sur la distribution des données - utilisé à l'ordre 0 pour construire un recouvrement continu d'un espace étiqueté lors d'un apprentissage statistique.

proximité : ordre qu'induit une distance sur un ensemble discret de données.

pseudo-couleur / thème : étiquette associée à une classe de vecteurs radiométriques dans une image multispectrale - lorsqu'il est associé à une explication de nature physique à la classe, il s'agit alors d'un thème.

raccord géométrique : caractérise le fait que l'on peut se déplacer d'un approximant vers un voisin selon leur frontière commune, avec une continuité qui se vérifie jusqu'à l'ordre d'approximation (ou presque) - cette propriété s'applique notamment lorsque la surface approchée est régulière.

raisonnement approché : effectuer des calculs de plausibilité sur l'occurrence de certains événements en gérant de manière distincte les faits tels qu'ils puissent se produire et ne pas se produire.

raisonnement géométrique : résoudre de manière géométrique des problèmes géométriquement référencés.

ramasse-miettes : processus permettant de réorganiser l'espace libre d'un système d'allocation mémoire à longueur variable.

recherche opérationnelle : branche fraternelle de l'analyse de données statistique qui s'est orientée vers la résolution de problèmes plutôt que leur description, en s'appuyant notamment sur l'optimisation sous contraintes et sur la théorie des graphes.

reconnaissance : étape en reconnaissance des formes où une procédure de reconnaissance est capable de reproduire le classement ou l'étiquetage qu'elle a mémorisé lors d'un apprentissage - on distingue deux approches générales : la reconnaissance des formes statistiques qui est une démarche globale fondée sur le calcul d'attributs et la classification, et la reconnaissance des formes structurelles qui est une démarche locale fondée sur le calcul de primitives et l'appariement de graphes.

réduction : opération permettant de réduire le volume d'un ensemble de données, sans perdre ou en perdant un volume minimal d'informations - l'analyse de données statistiques tente par diminution de la dimension de l'espace de description ou par identification de classes d'équivalence (espaces quotient) à mettre en oeuvre des techniques de réduction de problèmes.

référentiel : repère permettant de se localiser dans un espace complété des bornes de l'espace selon chaque dimension - ces données permettent de spécifier toutes les transformations géométriques qui permettent de se déplacer et de s'orienter dans celui-ci.

référentiel d'acquisition : référentiel associé à l'espace dans lequel des signaux provenant d'un espace d'observation sont reçus (plan pour des images).

référentiel d'observation : référentiel associé à l'espace où se trouvent l'observateur et l'objet observé (tridimensionnel, pour le monde dans lequel nous nous déplaçons et nous regardons).

référentiel du support : référentiel associé à l'espace support d'une fonctionnel : référentiel associé aux signaux qui sont discrétisés (mono / multi-chromatique pour une image).

référentiel principal : référentiel associé aux premiers axes d'inertie d'un ensemble de données numériques.

référentiel propre : référentiel associé à l'objet analysé.

référentiel universel : référentiel permettant de fusionner plusieurs observations partielles réalisée dans un même espace d'observation à partir de différents points de vue.

région : ensemble de points connexes de dimension intrinsèque équivalent à celle de l'espace de description - intérieur et frontière d'une composante connexe.

régularisation : technique d'approximation employée en présence de données localement singulières ; la problème est généralement traité dans un cadre variationnel où l'on introduit des contraintes différentielles de lissité dans l'erreur à minimiser.

régulier : en approximation, caractérise une courbe ou une surface que l'on peut présenter par un développement en série limité - l'ordre de l'objet original n'est pas toujours connu, par contre celui de ces singularités ou irrégularités peut être évalué en observant les réponses à l'application d'opérateurs différentiels - par ailleurs, la régularité d'une courbe ou d'une surface, permet de tenter de les approcher par des modèles polynomiaux de faible ordre par morceaux.

remplissage de polygone : conversion de format permettant de passer d'un modèle de représentation vectorisée à un modèle de représentation cellulaire.

représentation cellulaire : modèle de représentation où les données sont des valeurs échantillonnées sur une maillage régulier et sont manipulées sous la forme de tableaux ou de matrices (images, altimétries).

représentation des données : un même jeu de données peut être représenté de différentes manières - pour passer d'un format de représentation à un autre, il est nécessaire d'exécuter une procédure de conversion de format - selon le traitement à appliquer au jeu de données, le temps de réponse varie en fonction du format de représentation employé.

représentation par frontière : modèle de représentation où un ensemble de données est décrit par sa frontière (par exemple, le contour d'un objet ou la vectorisation d'une forme).

représentation par région : modèle de représentation où un ensemble de données est décrit pour l'ensemble de ses éléments internes comme présents à la frontière (par exemple, toutes les représentation cellulaires ou les arbres d'ordre 2^k).

représentation surfacique : modèle de représentation où un ensemble de données est décrit par des surfaces dont on conserve une expression sous la forme d'une approximation polynomiale par morceaux (surface triangulée).

représentation vectorisée : modèle de représentation où un ensemble de données est décrit par des courbes dont on conserve une expression sous la forme d'une approximation linéaire par morceaux (des vecteurs ou segments de droite).

représentation volumique : modèle de représentation où un ensemble de données est directement décrit dans son espace de représentation (matrices d'éléments volumiques, arbre d'ordre 2^k).

réseau d'interconnexion : système d'échange de données dans un calculateur à architecture parallèle, permettant à tous les processeurs (système distribué) ou à tous les processeurs et toutes les mémoires (système partagé) de communiquer simultanément en respectant certaines contraintes liées à la topologie du réseau d'interconnexion (accès régulier sans collision).

segment : composant connexe issue d'une segmentation.

segmentation : recherche des composantes connexes satisfaisant à un prédicat donné (par exemple, le prédicat d'isocoloration en analyse d'images).

signalement : description destinée à faire connaître l'existence d'un ensemble d'informations.

similitude : transformation géométrique composée de translations, rotations et homothéties.

singulier : irrégulier, qui n'est pas régulier.

structure complexe : arrangement de structures simples. structure géométrique : arrangement de primitives géométriques.

structure relationnelle : arrangement de structures, composé par algèbre relationnelle (notamment partageant des relations de position particulières).

structures simples : arrangement de parties en un ensemble.

synthèse : recomposition d'un tout à partir de ses parties (opération inverse de l'analyse).

système à mémoire distribuée : système à architecture parallèle où les mémoires sont locales aux processeurs et où les communications s'établissent entre les processeurs uniquement.

système à mémoire partagée : système à architecture parallèle où les mémoires sont globales à l'ensemble des processeurs et où les communications s'établissent entre les processeurs et les mémoires.

système à mémoire partitionnée : système à architecture parallèle que l'on peut décomposer en sous-systèmes autonomes pour que plusieurs utilisateurs ou plusieurs applications puissent l'utiliser simultanément sans interférences.

système à mémoire répartie : système à mémoire localement distribuée.

système de voisinages : façon dont on peut emboîter les voisinages en chaque point d'un espace et induire une nouvelle topologie à l'espace (cas des opérations en multirésolution et de la classification hiérarchique qui induisent une topologie ultramétrique).

thesaurus : répertoire d'informations normalisées permettant de réaliser un classement (dans le cas du catalogage d'images, il est construit grâce à la classification des formes géométriques après conversion thématique).

topologie : étude des propriétés géométriques se conservant par déformation continue.

translation d'adresse : système de découpage d'adresse par champ permettant de localiser rapidement un granule de mémoire dans une mémoire en banc et/ou un système de mémorisation à plusieurs étages (primaire - secondaire), et de recalculer une adresse physique à partir d'une adresse virtuelle.

vectorisation : approximation linéaire par morceaux d'une structure linéaire ou du contour d'une structure surfacique.

voisinage : ensemble des points adjacents à un point donné, sa forme évolue selon la topologie utilisée pour décrire l'espace.

Annexe : algorithmes en modélisation hiérarchique

1. Gestion de structures quelconques

adrstr :   adresse de la structure à traiter

succ :   successeur dans une liste

filgch :   fils gauche d'un nœud dans un arbre

fildrt :   fils droit d'un nœud dans un arbre

lggch :   longueur du sous-arbre gauche

lgdrt :   longueur du sous-arbre droit

1.1. Destruction d'une structure quelconque

<u>procédure</u> kddsst(adrstr)

<u>début</u>

    /* analyse de son type et appel de la fonction de destruction associée */

    <u>si</u> (type arbre(adrstr)) <u>alors faire</u>

       <u>appel</u> kddsab(adrstr)

       destruction racine(adrstr)

    <u>fin</u>

    <u>sinon si</u> ((type liste linéaire(adrstr)) <u>ou</u> (type liste circulaire(adrstr)))

    <u>alors appel</u> kddsli(adrstr)

<u>fin</u>

1.2. Destruction d'une structure de type liste

<u>procédure</u> kddsli(adrstr)

<u>début</u>

    <u>si</u> (type liste circulaire(adrstr)) <u>alors</u> conversion de la liste circulaire en liste linéaire

    /* parcours de la liste et destruction des sous-structures */

    succ <- lien(adrstr)

    <u>tant que</u> (<u>non</u> nil(succ)) <u>faire</u>

       <u>si</u> (<u>non</u> variable simple (succ)) <u>alors appel</u> kddsst(valeur(succ))

       succ <- lien(succ)

    fin

    /*suppression effective de la liste*/

    <u>si</u> (<u>non</u> nil(succ)) <u>alors</u> destruction liste(adrstr)

<u>fin</u>

1.3. Destruction d'une structure de type arbre

procédure kddsab(adrstr)

début

    si (non terminal(adrstr)) alors faire

        /* descente en profondeur dans l'arbre */

        appel kddsab (fils gauche(adrstr))

        appel kddsab (fils droit(adrstr))

        /* fusion à la remontée */

        isocoloration des fils gauche et droit

        fusion(adrstr)

    fin

    si (arbre valué (adrstr)) alors faire

        /* destruction de la structure associée au nœud */

        appel kddsst(valeur(adrstr))

        type (adrstr) <- arbre non valué

    fin

fin

1.4. Copie d'une structure quelconque

<u>fonction</u> kdcpst(adrstr)

<u>début</u>

    /* analyse de son type et appel de la fonction de copie associée */

    <u>si</u> (type arbre(adrstr)) <u>alors</u> kddpst <- kdcpab(adrstr)

    <u>sinon si</u> ((type liste linéaire (adrstr)) <u>ou</u> (type liste circulaire(adrstr)))

    <u>alors</u> kdcpst <- kdcpli(adrstr)

<u>fin</u>

1.5. Copie d'une structure de type liste

<u>fonction</u> kdcpli(adrstr)

<u>début</u>

    <u>si</u> (type liste circulaire(adrstr))

    <u>alors</u> conversion de la liste circulaire en une liste linéaire

    /* parcours de la liste et duplication */

    <u>si</u> (<u>non</u> nil(adrstr)) <u>alors</u> kdcpli <- tête d'une file (type(adrstr))

    succ <- lien(adrstr)

    <u>tant que</u> (<u>non</u> nil(succ)) <u>faire</u>

        <u>si</u> (variable simple (succ)) <u>alors</u> insertion en queue (kdcpli, valeur (succ), type (succ))

        <u>sinon</u> insertion en queue (kdcpli, kdcpst (valeur (succ)), type (succ))

        succ <- lien(succ)

    <u>fin</u>

    <u>si</u> (type liste circulaire(adrstr))

    <u>alors</u> conversion en liste circulaire des listes linéaires adrstr et kdcpli

<u>fin</u>

1.6. Copie d'une structure de type arbre

```
fonction kdcpab(adrstr)
début
        si (terminal(adrstr)) alors faire
            /* copie du nœud terminal */
            kdcpab <- arbre(lien(adrstr), type(adrstr))
        fin
        sinon faire
            /* descente en profondeur dans l'arbre */
            filgch <- kdcpab (fils gauche (adrstr))
            fildrt <- kdcpab (fils droit (adrstr))
            kdcpab <- réunion des nœuds (filgch, fildrt)
        fin
        si (arbre non valué (adrstr)) alors valeur (kdcpab) <- valeur  (adrstr)
        sinon faire
            /* copie de la structure accrochée au nœud */
            valeur(kdcpab) <- kdcpst (valeur(adrstr))
            type(kdcpab) <- type(adrstr)
        fin
fin
```

1.7. Calcul de la longueur d'une structure quelconque

<u>fonction</u> kdlgst(adrstr)

<u>début</u>

/* analyse du type de la structure et appel de la fonction de calcul appropriée */

<u>si</u> (type arbre(adrstr)) <u>alors</u> kdigst <- kdlgab(adrstr)

<u>sinon si</u> ((type liste linéaire(adrstr)) <u>ou</u> (type liste circulaire (adrstr)))

<u>alors</u> kdlgst <- kdlgli(adrstr)

<u>fin</u>

1.8. Calcul de la longueur d'une structure de type liste

<u>fonction</u> kdlgli(adrstr)

<u>début</u>

<u>si</u> (type liste circulaire (adrstr))

<u>alors</u> conversion de la liste circulaire en une liste linéaire

<u>si</u> (<u>non</u> nil(adrstr)) <u>alors</u> kdlgli <- 1 <u>sinon</u> kdlgli <- 0

succ <- lien(adrstr)

<u>tant que</u> (<u>non</u> nil(succ)) <u>faire</u>

<u>si</u> (variable simple(succ))

<u>alors</u> kdlgli <- kdlgli+1

<u>sinon</u> kdlgli <- kdlgli+kdlgst(valeur(succ))+1

succ <- lien(succ)

<u>fin</u>

<u>si</u> (type liste circulaire(adrstr))

<u>alors</u> conversion en liste circulaire de la liste adrstr

<u>fin</u>

1.9. Calcul de la longueur d'une structure de type arbre

<u>fonction</u> kdlgab(adrstr)

<u>début</u>

      <u>si</u> (terrninal(adrstr)) <u>alors</u> kdlgab <- 1

      <u>sinon</u> <u>faire</u>

        /* descente en profondeur dans l'arbre */

        lggch <- kdlgab (fils gauche(adrstr))

        lgdrt <- kdlgab (fils droit(adrstr))

        kdlgab <- lggch+lgdrt+1

      <u>fin</u>

      <u>si</u> (arbre value (adrstr)) <u>alors faire</u>

        /* calcul de la longueur de la structure accrochée au nœud */

        kdlgab <- kdlgab+kdlgst(valeur(adrstr))

      <u>fin</u>

<u>fin</u>

2. Génération d'arbres par addition de vecteur

racine :   racine de l'arbre à enrichir

tetevc :   tête du vecteur entier à ajouter

vect: tête du vecteur réel à ajouter

dimens :   dimension de l'espace de modélisation

precis :   précision de calcul

depth :   profondeur de calcul

niveau   niveau atteint dans l'arbre

coté: coté de descente dans l'arbre

minrac :   liste des coordonnées minimum de la racine

maxrac :   liste des coordonnées maximum de la racine

xmin :   coordonnée minimum de la racine

xmax :   coordonnée maximum de la racine

xvec :   coordonnée du vecteur à ajouter

xctr :   coordonnée du centre de la racine

2.1. Addition d'un vecteur entier à un arbre

<u>procédure</u> kdavab(racine ,tetevc, dimens, precis)

<u>début</u>

    /* initialisation des paramètres de calcul */

    depth <- dimens*precis, niveau <- 0

    /* bloc de calcul récursif */

    <u>procédure</u> kdavab(racine, tetevc , niveau)

    <u>début</u>

        <u>si</u> (niveau=depth) <u>alors</u> mise à noir(racine)

        <u>sinon faire</u>

            /* descente dans l'arbre guidée par les coordonnées du vecteur */

            coté <- extraction du bit de poids fort de la coordonnée courante,

                    décalage à droite d'une position binaire de celle-ci,

                    et décalage d'une coord. de la tête du vecteur(tetevc)

            <u>si</u> (terminal(racine)) <u>alors</u> fission(racine)

            <u>appel</u> kdavab(fils(racine,coté),tetevc,niveau+l)

            fusion(racine)

        <u>fin</u>

    <u>fin</u>

<u>fin</u>

2.2. Addition d'un vecteur réel normalisé à un arbre

procédure kdadva(racine,vect,dimens,précis)

début

/* initialisation de l'addition */

depth <- dimens*précis, niveau <- 0

{minrac , maxrac}<- têtes des vecteurs({(0., 0., ..., 0.), (1., 1., ..., 1.)}

/*bloc de calcul récursif*/

procédure kdadva(racine ,minrac, maxrac, vect, niveau)

début

si ((niveau<>depth) et (non noir(racine)) alors faire

/* descente de l'arbre guidée par les coordonnées du vecteur */

{xmin, xmax, xvec} <- extraction des coord. en tête de {minrac ,maxrac, vect}

xctr <- (xmin+xmax)/2.

si (xvec<xctr)

alors xmax <- xctr, coté <- gauche

sinon xmin <- xctr, coté <- droite

insertion en queue des vecteurs ({minrac, maxrac, vect}, {xmin,xmax,xvec})

si (terminal(racine)) alors fission(racine)

appel kdadva(fils(racine, coté, minrac, maxrac, vect, niveau+l)

fin

sinon mise à noir(racine)

si (non terminal(racine)) alors fusion(racine)

fin

destruction des vecteurs({minrac , maxrac})

fin

3. Opérations booléennes

racine :   racine de l'arbre opérande

racin1 :   racine du premier arbre opérande

racin2:   racine du second arbre opérande

dimens :   dimension de l'espace de modélisation

precis :   précision de calcul

depth :   profondeur de calcul

niveau :   niveau atteint dans l'arbre

filgch :   fils gauche de la racine de l'arbre résultant

fildrt :   fils droit de la racine de l'arbre résultant

3.1. Assertion d'un arbre binaire

<u>fonction</u> kdass(racine, dimens, précis)

<u>début</u>

    /* initialisation des paramètres de calcul */

    depth <- dimens*précis, niveau <- 0

    /* bloc de calcul récursif */

    <u>fonction</u> kdass(racine, niveau)

    <u>début</u>

        <u>si</u> ((<u>non</u> terminal (racine)) et (niveau <> depth)) <u>alors</u> <u>faire</u>

            /* descente en profondeur dans l'arbre */

            filgch <- kdass(fils gauche(racine), niveau+1)

            fildrt <- kdass(fils droit(racine), niveau+1)

            kdass <- réunion des nœuds(filgch, fildrt)

        <u>fin</u>

        <u>sinon</u> <u>faire</u>

            /* assertion du nœud atteint dans l'arbre */

            <u>si</u> (blanc(racine))

            <u>alors</u> kdass <- arbre(<u>blanc</u>)

            <u>sinon</u> kdass <- arbre(<u>noir</u>)

        <u>fin</u>

        /* fusion des nœuds filiaux à la remontée dans l'arbre */

        <u>si</u> (<u>non</u> terminal(kdass)) <u>alors</u> fusion(kdass)

    <u>fin</u>

<u>fin</u>

3.2. Négation d'un arbre binaire

<u>fonction</u> kdnon(racine, dimens, précis)

<u>début</u>

/* initialisation des paramètres de calcul */

depth <- dimens*précis, niveau <- 0

/* bloc de calcul récursif */

<u>fonction</u> kdnon(racine, niveau)

<u>début</u>

<u>si</u> ((<u>non</u> teminal (racine)) <u>et</u> (niveau<>depth)) <u>alors</u> <u>faire</u>

/* descente en profondeur dans l'arbre */

filgch <- kdnon(fils gauche(racine), niveau+1)

fildrt <- kdnon(fils droit(racine) ,niveau+1)

kdnon <- réunion des noeuds(filgch, fildrt)

<u>fin</u>

<u>sinon</u> <u>faire</u>

/* négation du nœud atteint dans l'arbre */

<u>si</u> (blanc(racine))

<u>alors</u> kdnon <- arbre(<u>blanc</u>)

<u>sinon</u> kdnon <- arbre(<u>noir</u>)

<u>fin</u>

/* fusion des nœuds filiaux à la remontée dans l'arbre */

<u>si</u> (<u>non</u> terminal(kdnon)) <u>alors</u> fusion(kdnon)

<u>fin</u>

<u>fin</u>

3.3. Réunion des deux arbres binaires

```
fonction kdreun(racinl, racin2, dimens, précis)
début
        /* initialisation des paramètres de calcul */
        depth <- dimens*précis, niveau <- 0
        /* bloc de calcul récursif */
        fonction kdreun(racinl, racin2, niveau)
        début
                si ((non terminal (racini)) ou (non terminal (racin2))) et (niveau<>depth)) alors faire
                        /* descente en profondeur des deux arbres */
                        filgch <- kdreun(fils gauche(racinl), fils gauche(racin2), niveau+1)
                        fildrt <- kdreun(fils droit(racinl), fils droit(racin2), niveau+1)
                        kdreun <- réunion des nœuds(filgch, fildrt)
                fin
                sinon faire
                        /* réunion des nœuds ainsi atteints */
                        si ((blanc(racinl)) et (blanc(racin2)))
                        alors kdreun <- arbre(blanc)
                        sinon kdreun <- arbre(noir)
                fin
                /* fusion des nœuds filiaux à la remontée dans l'arbre */
                si (non terminal(kdreun)) alors fusion(kdreun)
        fin
fin
```

3.4. Intersection des deux arbres binaires

```
fonction kdintr(racinl, racin2, dimens, précis)
début
        /* initialisation des paramètres de calcul */
        depth <- dimens*précis, niveau <- 0
        /* bloc de calcul récursif */
        fonction kdintr(racinl, racin2, niveau)
        début
            si ((non terminal (racinl)) ou (non terminal (racin2))) et (niveau<>depth)) alors faire
                /* descente parallèle des deux arbres */
                filgch <- kdintr(fils gauche(racinl), fils gauche(racin2), niveau+1)
                fildrt <- kdintr(fils droit(racinl), fils droit(racin2), niveau+l)
                kdintr <- réunion des nœuds(filgch,fildrt)
            fin
            sinon faire
                /* intersection des nœuds ainsi atteints */
                si ((non blanc(racinl))et(non blanc(racin2)))
                alors kdintr <- arbre(noir)
                sinon kdintr <- arbre(blanc)
            fin
            /* fusion des nœuds filiaux à la remontée dans l'arbre */
            si (non terminal(kdintr)) alors fusion(kdintr)
        fin
fin
```

3.5. Exclusion des deux arbres binaires

<u>fonction</u> kdexcl(racinl, racin2, dimens, précis)

<u>début</u>

    /*initialisation des paramètres de calcul*/

    depth <- dimens*précis, niveau <- 0

    /* bloc de calcul récursif */

    <u>fonction</u> kdexcl(racin1, racin2 ,niveau)

    <u>début</u>

        <u>si</u> ((<u>non</u> terminal (racin1)) <u>ou</u> (non terminal (racin2))) <u>et</u> (niveau<>depth)) <u>alors faire</u>
            /* descente parallèle des deux arbres */

            filgch <- kdexcl(fils gauche(racin1), fils gauche(racin2), niveau+1)

            fildrt <- kdexcl(fils droit(racin1), fils droit(racin2), niveau+1)

            kdexcl <- réunion des nœuds(filgch, fildrt)

      <u>fin</u>

      <u>sinon faire</u>

            /* exclusion des nœuds ainsi atteints */

            <u>si</u> ((blanc(racin1))<u>ou ex</u>(blanc(racin2)))

            <u>alors</u> kdexcl <- arbre(<u>noir</u>)

            <u>sinon</u> kdexcl <- arbre(<u>blanc</u>)

      <u>fin</u>

      /*fusion des noeuds filiaux à la remontée dans l'arbre*/

      <u>si</u> (<u>non</u> terminal(kdexcl)) <u>alors</u> fusion(kdexcl)

    <u>fin</u>

<u>fin</u>

3.6. Différence des deux arbres binaires

```
fonction kddiff(racin1 ,racin2, dimens, précis)
début
        /* initialisation des paramètres de calcul */
        depth <- dimens*précis, niveau <- 0
        /* bloc de calcul récursif */
        fonction kddiff(racin1, racin2, niveau)
        début
                si ((non terminal (racin1)) ou (non terminal (racin2))) et (niveau<>depth)) alors faire
                        /* descente parallèle des deux arbres */
                        filgch <- kddiff(fils gauche(racin1), fils gauche(racin2), niveau+1)
                        fildrt <- kddiff(fils droit(racin1), fils droit(racin2), niveau+l)
                        kddiff <- réunion des noeuds(filgch, fildrt)
                fin
                sinon faire
                        /* différence des nœuds ainsi atteints */
                        si ((non blanc(racin1))et(blanc(racin2)))
                        alors kddiff <- arbre(noir)
                        sinon kddiff <- arbre(blanc)
                fin
                /* fusion des nœuds filiaux à la remontée dans l'arbre* /
                si (non terminal(kddiff)) alors fusion(kddiff)
        fin
fin
```

4. Manipulation de coupes parallèles aux axes

racesp :   racine de l'espace à traiter

dimesp :   dimension de l'espace modélisé

racoup :   racine de la coupe à insérer

dimcpe :   dimension de l'espace de la coupe

racdcp :   racine de l'arbre du vecteur des coordonnées de coupe

codicp :   dimension de l'arbre des coordonnées de coupe (codimension de la coupe dans l'espace à traiter)

vectcp :   tête du vecteur des axes de coupe (pour chaque coordonnée de l'espace à traiter, il indique si l'axe est un axe de coupe)

precis :   précision de calcul

vecoup :   axe en cours d'analyse dans le vecteur des axes de coupe

depth :   profondeur de calcul

niveau :   niveau atteint dans l'arbre

filgch :   fils gauche dans la coupe

fildrt :   fils droit dans la coupe

intrsc :   intersection de la coupe avec les coordonnées de coupe

4.1. Extraction d'une coupe parallèle aux axes

<u>fonction</u> kdexcp(racesp, dimesp, racdcp, dimcpe, vectcp, precis)

<u>début</u>

    /* initialisation des paramètres de calcul */

    depth <- dimesp*precis, niveau <- 0

    vecoup <- lien(vectcp)

    /* bloc de calcul récursif */

    <u>fonction</u> kdexcp(racesp, racdcp, vecoup ,niveau)

    <u>début</u>

        <u>si</u> ((<u>non</u> blanc(racdcp)) <u>et</u> (niveau<>depth)) <u>alors faire</u>

            /* descente parallèle de deux arbres */

            <u>si</u> (valeur(vecoup))

            <u>alors</u> filgch <- kdexcp(fils gauche(racesp), fils gauche(racdcp), lien(vecoup), niveau+1)

            <u>sinon</u> filgch <- kdexcp(fils gauche(racesp), racdcp, lien(vecoup), niveau+1)

            <u>si</u> (valeur(vecoup))

            <u>alors</u> fildrt <- kdexcp(fils droit(racesp), fils droit(racdcp), lien(vecoup), niveau+1)

            <u>sinon</u> fildrt <- kdexcp(fils droit(racesp), racdcp, lien(vecoup), niveau+1)

            kdexcp <- réunion des nœuds(filgch, fildrt)

        <u>fin</u>

        <u>sinon faire</u>

            /* calcul de la coupe : */

            /* intersection de l'espace avec le vecteur de coupe*/

            <u>si</u> ((<u>non</u> blanc(racesp)) <u>et</u> (<u>non</u> blanc(racdcp)))

            <u>alors</u> kdexcp <- arbre (<u>noir</u>)

            <u>sinon</u> kdexcp <- arbre <u>(blanc)</u>

        <u>fin</u>

        /* fusion des nœuds filiaux à la remontée dans l'arbre */

        <u>si</u> (<u>non</u> terminal(kdexcp)) <u>alors</u> fusion(kdexcp)

si (valeur(vecoup)) <u>alors</u> suppression dans l'arbre de la coupe kdexcp des coordonnées le long de l'axe de la coupe

    <u>fin</u>

<u>fin</u>

4.2. Insertion d'une coupe parallèle aux axes

<u>procédure</u> kdincp(racesp, racoup, dimcpe, racdcp, codicp, vectcp, precis)

<u>début</u>

    /* initialisation des paramètres de calcul */

    depth <- (dimcpe+codicp)*precis, niveau <- 0

    vecoup <- lien(vectcp)

    /* bloc de calcul récursif */

    <u>procédure</u> kdincp(racesp, racoup, racdcp, vecoup, niveau)

    <u>début</u>

        si ((<u>non</u> blanc(racdcp)) <u>et</u> (niveau<>depth)) <u>alors faire</u>

            /* descente parallèle des trois arbres */

            si (valeur(vecoup))

            <u>alors appel</u> kdincp(fils gauche((racesp), racoup, fils gauche(racdcp), lien(vecoup), niveau+1)

            <u>sinon appel</u> kdincp(fils gauche(racesp),fils gauche(racoup), racdcp, lien(vecoup), niveau+1)

            si (valeur(vecoup))

            <u>alors appel</u> kdincp(fils droit(racesp), racoup, fils droit(racdcp), lien(vecoup), niveau+1)

            <u>sinon appel</u> kdincp(fils droit(racesp), fils droit(racoup), racdcp, lien(vecoup), niveau+1)

    <u>fin</u>

sinon <u>faire</u>

    <u>si</u> (niveau=depth) <u>alors faire</u>

        <u>si</u> (<u>non</u> terminal(racesp)) <u>alors</u> mise à l'état terminal du sous-arbre racesp

        /* insertion de la coupe */

        /*calcul de l'intersection de la coupe avec les coordonnées de coupe*/

        <u>si</u> ((<u>non</u> blanc(racoup)) <u>et</u> (<u>non</u> blanc(racdcp)))

        <u>alors</u> intrsc <- <u>noir</u>

        <u>sinon</u> intrsc <- <u>blanc</u>

        /* réunion de l'espace avec le résultat de l'intersection */

        <u>si</u> ((blanc(racesp)) <u>et</u> (blanc(intrsc))) <u>alors</u> mise a blanc (racesp)
        <u>sinon</u> mise à noir (racesp)

    <u>fin</u>

<u>fin</u>

/* fusion des nœuds filiaux à la remontée dans l'arbre */

<u>si</u> (<u>non</u> terminal(racesp)) <u>alors</u> fusion(racesp)

<u>fin</u>

<u>fin</u>

5. Construction de l'arbre d'un polyèdre

polyed : liste des sommets du polyèdre

minhyp : liste des forces minorantes du polyèdre

maxhyp : liste des forces majorantes du polyèdre

dimens : dimension de l'espace de modélisation

precis : précision de calcul

depth : profondeur de calcul

niveau : niveau atteint dans l'arbre

{polesp, minesp, maxesp} : sommets et faces d'un bloc issu du découpage régulier de l'espace de modélisation

inters : indicateur d'intersection de deux polyèdres

incp12 : inclusion du 1er polyèdre dans le 2e

incp21 : inclusion du 2e polyèdre dans le 1er

{polye1, minhp1, maxhp1} : sommets et faces du 1er polyèdre

{polye2, minhp2, maxhp2} : sommets et faces du 2e polyèdre

nudim : numéro de la dimension traitée

espnul : indicateur polyèdre inclus dans un hyperplan

espneg : indicateur polyèdre inclus dans un demi-espace négatif

esppos : indicateur polyèdre inclus dans un demi-espace positif

hyplan : hyperplan partitionnant l'espace en deux demi-espaces

nusom : numéro de sommet

ordre : taille d'un papillon

nupap : numéro de papillon

dimhom : dimension de l'espace en coordonnées homogènes

nuplan : numéro de plan dans une liste de faces

{polgch, mingch, maxgch} :   sommets et faces du demi-polyèdre gauche

{poldrt, mindrt, maxdrt} :   sommets et faces du demi-polyèdre droit

5.1. Construction de l'arbre d'un polyèdre défini par ses sommets et ses faces

fonction kdcvap(polyed, minhyp, maxhyp, dimens, precis)

début

    /* initialisation de la construction */

    /* calcul des sommets et des faces du bloc associé à la racine */

    polesp <- sommets de l'espace unitaire(dimens)

    minesp <- hyperplans minorants l'espace unitaire(dimens)

    maxesp <- hyperplans majorants l'espace unitaire(dimens)

    depth <- dimens*precis, niveau <- 0

    /* bloc de calcul récursif */

    fonction kdcvap([polyed, minhyp, maxhyp,] polesp, minesp, maxesp, niveau)

    début

        /* parcours arborescent de l'intérieur et de la frontière du polyèdre */

        évaluation de l'intersection du bloc associé au nœud et du polyèdre (polesp, minesp, maxesp, polyed, minhyp, maxhyp)

        si ((niveau<>depth) et ((intersection) et (bloc ⊄ polyèdre))) alors faire

            /*le bloc associé au noeud est sur la frontière du polyèdre*/

            {polgch, poldrt} <- division du polyèdre défini par ses sommets(polesp)

            {mingch , maxgch, mindrt, maxdrt}<- division du polyèdre défini par ses faces(minesp, maxesp)

            filgch <- kdcvap(polgch, mingch, maxgch ,niveau+1)

            fildrt <- kdcvap(poldrt, mindrt, maxdrt, niveau+1)

            kdcvap <- réunion des noeuds(filgch, fildrt)

            fusion(kdcvap)

        fin

sinon faire

/*recouvrement à la précision recherchée ou inclusion du bloc associé au nœud dans le polyèdre*/

si (((niveau=depth) et (intersection)) ou (bloc ⊂ polyèdre))

alors kdcvap <- arbre(noir).

sinon kdcvap <- arbre(blanc)

fin

suppression du bloc (polesp, minesp, maxesp)

fin

fin

5.2. Evaluation de l'intersection de deux polyèdres convexes

procédure kdeidp(inters, incp12, incp21, polye1, minhp1, maxhp1, polye2, minhp2, maxhp2, dimens)

début

/* l'intersection est invalidée lorsque tous les sommets d'un polyèdre appartiennent au demi-espace relatif à l'un des hyperplans de l'autre polyèdre */

/* un polyèdre est inclus dans l'autre polyèdre, lorsque tous ses sommets appartiennent aux demi-espaces internes définis par les hyperplans de l'autre polyèdre */

inters <- vrai

/* examen des faces du 1er polyèdre */

Incp12 <- vrai

/* examen des plans minorants du 1er polyèdre*/

pour nudim=1 à dimens faire

évaluation de la position d'un polyèdre par rapport à un hyperplan (polye2, minhp1(nudim), dans le plan, espace gauche, espace droit)

/* l'espace gauche est l'extérieur du polyèdre, l'espace droit l'intérieur*/

si (non dans le plan) alors faire

si (non espace droit) alors incp12 <- faux

si (espace gauche) alors inters <- faux

fin

fin

```
/* examen des plans majorants du 1er polyèdre */

pour nudim=1 à dimens faire

    évaluation de la position d'un polyèdre par rapport à un hyperplan (polye2,
    maxhp1(nudim), dans le plan, espace gauche, espace droit)

    /* l'espace gauche est l'intérieur du polyèdre, l'espace droit l'extérieur */

    si (non dans le plan) alors faire

        si (non espace gauche) alors incp12 <- faux

        si (espace droit) alors inters <- faux

    fin

fin

/* examen des faces du 2e polyèdre */

incp21 <- vrai

/* examen des plans minorants du 2è polyèdre */

pour nudim=1 à dimens faire

    évaluation de la position d'un polyèdre par rapport à un hyperplan (polye1,
    minhp2(nudim), dans le plan, espace gauche, espace droit)

    si (non dans le plan) alors faire

        si (non espace droit) alors incp21 <- faux

        si (espace gauche) alors inters <- faux

    fin

fin

/* examen des plans majorants du 2è polyèdre */

pour nudim=1 à dimens faire

    évaluation de la position d'un polyèdre par rapport à un hyperplan (polye1,
    maxhp2(nudim), dans le plan, espace gauche, espace droit)

    si (non dans le plan) alors faire

        si (non espace gauche) alors incp21 <- faux

        si (espace droit) alors inters <- faux

    fin

fin

forçage des indicateurs d'inclusion en cas de non-intersection

fin
```

5.3. Evaluation de la position d'un polyèdre par rapport à un hyperplan

procédure kdpohp(espnul, espneg, esppos, polyed, hyplan, dimens)

début

 /* initialisation des tests */

 espnul, espneg, esppos <- vrai

 /* examen des sommets du polyèdre */

 pour nusom=1 à 2**dimens faire

  posit <- 0.

  /* examen des coordonnées du sommet */

  pour nudim=1 à dimens faire

   posit <- posit+(polyed(nusom, nudim)*hyplan(nudim))

  fin

  posit <- posit+hyplan(nudim+1)

  si (posit=0.) alors espnul <- faux

  si (posit>0.) alors espneg <- faux

  si (posit<0.) alors esppos <- faux

 fin

fin

5.4. Division d'un polyèdre défini par ses sommets en deux demi-polyèdres

<u>procédure</u> kddivp(polrac, polgch, poldrt ,ordre, dimens)

<u>début</u>

    /* mise à jour de la taille des papillons de décomposition */

    nudim <- dimens-<u>log2</u>(ordre)

    nudim <- <u>mod</u>(nudim+1, dimens)+1

    ordre <- 2**(dimens-nudim)

    /* analyse du polyèdre par papillons de ordre sommets */

    <u>pour</u> nupap=1 <u>à</u> <u>mod</u>(2**dimens, ordre) <u>faire</u>

        /* division des sommets du papillon */

        <u>pour</u> nusom=((nupap-1)*ordre) <u>à</u> (nupap*ordre) <u>faire</u>

            nusom1 <- nusom

            nusom2 <- nusom+ordre

            /*division des coordonnées*/

            <u>pour</u> nudim=1 <u>à</u> dimens <u>faire</u>

                polgch(nusom1, nudim) <- polrac(nusom1, nudim)

                polgch(nusom2, nudim)

                <- (polrac(nusom1, nudim)+polrac(nusom2, nudim))/2.

                poldrt(nusom1, nudim) <- polgch(nusom2, nudim)

                poldrt(nusom1, nudim) <- polrac(nusom2, nudim)

            <u>fin</u>

        <u>fin</u>

    <u>fin</u>

<u>fin</u>

5.5. Division d'un polyèdre défini par ses faces en deux demi-polyèdres

procédure kddivh(minhyp, maxhyp, mingch, maxgch, mindrt, maxdrt, npldiv, dimens)

début

/*dimension de l'espace en coordonnées homogènes*/

dimhom <- dimens+1

/* division du polyèdre en deux moitiés séparées par l'hyperplan médian des npldiv-èmes faces minorante et majorante */

pour nuplan1 à dimhom faire

/* division des faces du polyèdre */

pour nudim=1 à dimhom faire

/* division des coordonnées homogènes des faces */

mingch(nuplan, nudim) <- minhyp(nuplan, nudim)

si (nuplan=npldiv) alors faire

maxgch(nuplan, nudim) <- (minhyp(nuplan, nudim)+maxhyp(nuplan, nudim))/2.

mindrt(nuplan, nudim) <- maxgch(nuplan, nudim)

fin

sinon faire

maxgch(nuplan, nudim) <- maxhyp(nuplan ,nudim)

mindrt(nuplan, nudim) <- minhyp(nuplan, nudim)

fin

maxdrt(nuplan, nudim) <- maxhyp(nuplan, nudim)

fin

fin

fin

6. Transformé homogène d'un arbre

racine :   racine de l'arbre à transformer

polyed :   liste des sommets du polyèdre de transformation

minhyp :   liste de ses faces minorantes

maxhyp :   liste de ses faces majorantes

dimens :   dimension de l'espace

prec1 :   précision d'analyse

prec2 :   précision de construction

polyab :   arbre du polyèdre de la transformation

ractrf :   racine de l'arbre transformé

depth :   profondeur de calcul

niveau :   niveau atteint dans l'arbre

{polrac, minrac, maxrac} :   sommets et faces du bloc associé à un nœud

{polgch, mingch, maxgch} :   demi-polyèdre gauche

{poldrt, mindrt, maxdrt} :   demi-polyèdre droit

{polblo, minblo, maxblo} :   sommets et faces issus d'un bloc terminal

6.1. Calcul du transformé d'un arbre par une transformation homogène

fonction kdthom(racine, polyed, minhyp, maxhyp, dimens ,prec1, prec2)

début

    kdthom <- arbre(blanc)

    polyab <- arbre du polyèdre (polyed, minhyp, maxhyp)

    analyse et transformation non linéaire de l'arbre (racine, kdthom, polyab, polyed, minhyp, maxhyp, dimens, prec1, prec2)

    destruction de l'arbre (polyab)

fin

/* Analyse d'un arbre en vue du calcul de son transformé par une transformation non linéaire */

procédure kdtnld(racine, ractrf, polyab, polyed, minhyp, maxhyp, dimens, prec1, prec2)

début

    /* initialisation de l'analyse */

    depth <- dimens*precl, niveau <- 0

    polrac <- sommets de l'espace unitaire(dimens)

    minrac <- faces minorantes de l'espace unitaire(dimens)

    maxrac <- faces majorantes de l'espace unitaire(dimens)

    /* bloc de calcul récursif */

    procédure kdtnld(racine, polyab, polrac, minrac, maxrac,[ractrf, polyed, minhyp ,maxhyp,] niveau)

    début

        /*recherche des blocs terminaux noirs inclus dans le polyèdre/*

        si ((niveau<>depth) et (non blanc(polyab)) et (non blanc(racine)))

        alors faire

si ((**non** terminal(polyab)) **ou** (**non** terminal(racine)))

alors faire

/*descente en parallèle de l'arbre à transformer et de l'arbre du polyèdre*/

{polgch, poldrt} <- division du polyèdre défini par ses sommets (polrac)

{mingch, maxgch, mindrt, maxdrt} <- division du polyèdre défini par ses faces (minhyp, maxhyp)

appel kdtnld(fils gauche(racine), fils gauche(polyab), polgch, mingch, maxgch, niveau+1)

appel kdtnld(fils droit(racine), fils droit(polyab), poldrt, mindrt, maxdrt, niveau+1)

fin

sinon faire

/* bloc noir inclus dans le polyèdre */

décomposition du bloc dans l'espace résultant(ractrf, polyed, minhyp, maxhyp, minrac, maxrac, dimens, prec2)

fin

fin

sinon faire

/*résolution d'analyse atteinte*/

si ((**non** blanc(polyab)) **et** (**non** blanc(racine)))

alors décomposition du bloc dans l'espace résultant (ractrf, polyed, minhyp, maxhyp, polrac, minrac, maxrac, dimens, prec2)

fin

/*remontée des arbres*/

destruction du polyèdre (polrac, minrac, maxrac)

fin

fin

/* Décomposition d'un bloc terminal dans l'espace résultant d'une transformation géométrique */

<u>procédure</u> kdtgbl(racine, polyed, minhyp, maxhyp, polblo, minblo, maxblo, dimens, precis)

<u>début</u>

    /* initialisation de la décomposition */

    depth <- dimens*precis, niveau <-0

    /* bloc de calcul récursif */

    <u>procédure</u> kdtgbl(racine, polyed, minhyp, maxhyp,[polblo, minblo, maxblo,] niveau)

    <u>début</u>

        évaluation de l'intersection du bloc terminal avec le polyèdre de la transformation (polblo, minblo, maxblo, polyed, minhyp, maxhyp)

        <u>si</u> ((niveau<>depth) <u>et</u> (<u>non</u> noir(racine))<u>et</u> ((intersection) <u>et</u> (polyèdre $\not\subset$ bloc))) <u>alors faire</u>

            /*le polyèdre de la transformation n'est pas contenu dans le bloc terminal, il est alors divisé en deux*/

            {polgch, poldrt} <- division du polyèdre défini par ses sommets (polyed)

            {mingch, maxgch, mindrt, maxdrt} <- division du polyèdre défini par ses faces (minhyp, maxhyp)

            <u>si</u> (terminal(racine)) <u>alors</u> fission(racine)

            <u>appel</u> kdtgbl(fils gauche(racine), polgch, mingch, maxgch, niveau+1)

            <u>appel</u> kdtgbl(fils droit(racine), poldrt, mindrt, maxdrt, niveau+1)

        <u>fin</u>

        <u>sinon faire</u>

            /*le polyèdre inclus dans le bloc est un nœud noir du transformé*/

            <u>si</u> ((<u>non</u> noir(racine)) <u>et</u> (intersection)) <u>alors</u> mise à noir(racine)

        <u>fin</u>

        /* remontée dans l'arbre */

        <u>si</u> (<u>non</u> terminal(racine)) <u>alors</u> fusion(racine)

        <u>si</u> (niveau<>0) <u>alors</u> suppression du polyèdre(polyed,minhyp, maxhyp)

    <u>fin</u>

<u>fin</u>

128

6.2. Calcul du transformé d'un arbre par une transformation homogène (version rapide)

<u>fonction</u> kdthmr(racine, polyed, minhyp, maxhyp, dimens, prec1, prec2)

<u>début</u>

    kdthmr <- arbre(<u>blanc</u>)

    valeur(kdthmr) <- {polyed, minhyp, maxhyp}

    analyse et transformation non linéaire de l'arbre, version rapide (racine, kdthmr, polyab, dimens, prec1, prec2)

    dévaluation de l'arbre (kdthmr)

    destruction de l'arbre (polyab)

<u>fin</u>

/*Analyse d'un arbre en vue du calcul son transformé par une transformation non linéaire (version rapide)*/

<u>procédure</u> kdtnlr(racine, ractrf, polyab, dimens, prec1, prec2)

    Cette procédure est identique à kdtnld, exceptions faites :

    — le polyèdre de la transformation {polyed ,minhyp, maxhyp} n'apparaît plus explicitement parmi les paramètres, car il est mémorisé dans la racine du transformé ;

    — la décomposition du bloc dans l'espace résultant est remplacée par sa version rapide.

/* Décomposition d'un bloc terminal dans l'espace résultant d'une transformation géométrique (version rapide)*/

procédure kdtgbr(racine, polblo, minblo, maxblo, dimens, precis)

début

    /* initialisation de la décomposition */

    depth <- dimens*precis, niveau <-0

    /* bloc de calcul récursif */

    procédure kdtgbr(racine ,[polblo , minblo , maxblo] niveau)

    début

        {polyed, minhyp, maxhyp} <- valeur(racine)

        évaluation de l'intersection du bloc terminal avec le polyèdre de la transformation (polblo, minblo, maxblo, polyed, minhyp, maxhyp)

        si ((niveau<>depth) et (non noir(racine)) et ((intersection) et (polyèdre ⊄ bloc))) alors faire

            /*le polyèdre de la transformation n'est pas contenu dans le bloc terminal*/

            si (terminal(racine)) alors faire

                fusion(racine)

                /*division en deux du polyèdre de la transformation, et enregistrement de ceux-ci par les fils de la racine*/

                {polgch, poldrt} <- division du polyèdre défini par ses sommets (polyed)

                {mingch, maxgch, mindrt, maxdrt} <- division du polyèdre défini par ses faces (minhyp, maxhyp)

                valeur(fils gauche(racine)) <- {polgch, mingch, maxgch}

                valeur(fils droit(racine)) <- {poldrt, mindrt, maxdrt}

            fin

            sinon mise à jour de l'ordre de division d'un polyèdre

            appel kdtgbr(fils gauche(racine), niveau+1)

            appel kdtgbr(fils droit(racine), niveau+l)

      fin

<u>sinon faire</u>

/*le polyèdre inclus dans le bloc est un nœud noir du transformé */

<u>si</u> ((<u>non</u> noir(racine)) <u>et</u> (intersection)) <u>alors</u> mise à noir(racine)

<u>fin</u>

/*remontée dans l'arbre*/

<u>si</u> (<u>non</u> terminal(racine)) <u>alors</u> fusion et dévaluation filiale(racine)

<u>fin</u>

<u>fin</u>

7. Compléments aux transformations géométriques

racine :   racine de l'arbre à transformer

vecsym :   vecteur des axes de symétrie

dimens :   dimension de l'espace de modélisation

précis :   précision de calcul

vesymt :   axe de symétrie en cours d'analyse

depth :   profondeur de calcul

niveau :   niveau atteint dans l'arbre

dimelm :   dimension d'élimination

racin1 :   racine d'un sous arbre minimal

racin2 :   racine d'un sous arbre non minimal

racvis :   nœud visible dans l'arbre

dimvis :   dimension attachée à l'axe de vision

filgch :   fils gauche de la racine

fildrt :   fils droit de la racine

7.1. Calcul de l'arbre symétrique à un arbre

```
fonction kdsymt(racine, vecsym, dimens, précis)
début
        /* initialisation des paramètres de calcul */
        depth <- dimens*précis, niveau <- 0
        vesymt <- lien(vecsym)
        /* bloc de calcul récursif */
        fonction kdsymt(racine, vesymt, niveau)
        début
            si ((non terminal(racine)) et (niveau<>depth)) alors faire
                /* descente en profondeur de l'arbre */
                filgch <- kdsymt(fils gauche(racinc), lien(vesymt), niveau+1)
                fildrt <- kdsymt(fils droit(racine), lien(vesymt), niveau+1)
                /*détermination et application de la symétrie*/
                si (valeur(vesymt))
                alors kdsymt <- réunion des nœuds (fildrt, filgch)
                sinon kdsymt <- réunion des nœuds (filgch, fildrt)
            fin
            sinon faire
                /* assertion du nœud atteint dans l'arbre */
                si (blanc(racine))
                alors kdsymt <- arbre(blanc)
                sinon kdsymt <- arbre(noir)
            fin
            fusion(kdsymt)
        fin
fin
```

7.2. Elimination des parties cachées dans un arbre le long d'une dimension

```
procédure kdelfc(racine, dimelm, dimens, precis)
début
        /* initialisation de l'élimination */
        niveau <- 0
        /* bloc de calcul récursif */

        procédure kdelfc(racine,[dimelm,]niveau)
        début
                /* recherche des couples de nœuds d'initialisation de l'élimination */
                si (non blanc(racine)) alors faire
                        si (terminal(racine)) alors fission(racine)
                        si ((niveau+1)<>dimelm) alors faire
                                /* descente dans l'arbre à la recherche de couples initiaux */
                                appel kdelfc(fils gauche(racine), niveau+l)
                                appel kdelfc(fils droit(racine), niveau+l)
                        fin
                sinon faire
                        / * élimination des nœuds selon la direction demandée */

                        élimination des nœuds non minimaux dans la direction précisée (fils
                        gauche(racine), fils droit(racine), dimelm, dimens, precis)
                fin
        fin
        fusion(racine)
        fin
fin
```

7.3. Parcours d'un arbre avec élimination des nœuds selon la direction d'élimination

procédure kdpelf(racin1, racin2, dimelm, dimens, precis)

début

/* initialisation du parcours */

depth <- precis*dimens, niveau <- dimelm

/* bloc récursif */

procédure kdpelf(racin1 ,racin2, [dimelm, dimens,] niveau)

début

si ((niveau<>depth) et ((non blanc(racin1)) ou (non blanc(racin2)))) alors faire

si (terminal(racin1)) alors fission(racin1)

si (terminal(racin2)) alors fission(racin2)

si ((mod(niveau, dimens)+1)<>dimelm) alors faire

/* direction orthogonale à la direction d'élimination */

/ *descente parallèle des deux sous arbres */

appel kdpelf(fils gauche(racin1), fils gauche(racine2), niveau+1)

appel kdpelf(fils droit(racin1), fils droit(racine2), niveau+1)

fin

sinon faire

/* direction parallèle à la direction d'élimination */

/* descente des sous arbres et élimination des nœuds non minimaux */

racvis <- fils gauche(racin1)

si (non blanc(racvis)) alors faire

si (non blanc(fils droit(racin1)))

alors appel kdpelf(racvis, fils droit(racin1), niveau+1)

si (non blanc(fils gauche(racin2)))

alors appel kdpelf(racvis, fils gauche(racin2), niveau+1)

si (non blanc(fils droit(racin2)))

alors appel kdpelf(racvis , fils droit(racin2), niveau+1)

fin

```
        racvis <- fils droit(racin1)
        si (non blanc(racvis)) alors faire
            si (non blanc(fils gauche(racin2)))
            alors appel kdpelf(racvis, fils gauche(racin2), niveau+1)
            si (non blanc(fils droit(racin2)))
            alors appel kdpelf(racvis, fils droit(racin2), niveau+1)
        fin
        racvis <- fils gauche(racin2)
        si (non blanc(racvis)) alors faire
            si (non blanc fils droit (racin2)))
            alors appel kdpelf(racvis, fils droit(racin2), niveau+1)
        fin
    fin
fin
sinon faire
    /* élimination du nœud caché */
    si (non blanc(racin1)) alors mise à blanc(racin2)
fin
/*remontée des sous arbres*/
fusion(racin1)
fusion(racin2)
    fin
fin
```

7.4. Cumul des plans orthogonaux à l'axe de vision pour réaliser une projection

<u>fonction</u> kdplvi(racine, dimvis, dimens ,precis)

<u>début</u>

    /* initialisation de la projection */

    depth <- dimens*precis, niveau <- 0

    /* bloc récursif */

    <u>fonction</u> kdplvi(racine,[dimvis, dimens,] precis)

    <u>début</u>

      <u>si</u> ((niveau<>depth) <u>et</u> (<u>non</u> terminal(racine))) <u>alors</u> <u>faire</u>

        /* descente en profondeur de l'arbre initial */

        filgch <- kdplvi(fils gauche(racine), niveau+1)

        fildrt <- kdpivi(fils droit(racine), niveau+l)

        /* calcul de la projection */

        <u>si</u> ((<u>mod</u>(niveau, dimens)+1) = dimvis) <u>alors</u> <u>faire</u>

          /* projection selon la dimension demandée */

          <u>si</u> ((blanc(filgch) <u>ou</u> (blanc(fildrt)) <u>alors</u> <u>faire</u>

            <u>si</u> (blanc(filgch)) <u>alors</u> <u>faire</u>

              kdplvi <- fildrt

              suppression(filgch)

            <u>fin</u>

            <u>sinon faire</u>

              kdplvi <- filgch

              destruction arbre(fildrt)

            <u>fin</u>

          <u>fin</u>

```
        sinon faire
                /*réunion des sous-arbres*/
                kdplvi <- kdreun(filgch, fildrt, dimens, precis)
                destruction(filgch)
                destruction(fildrt)
        fin
    fin
    sinon réunion des noeuds(filgch, fildrt)

    /* remontée dans le sous arbre */
    fusion(kdplvi)

fin
sinon faire
        /*assertion du nœud atteint dans l'arbre initial*/
        si (non blanc(racine))
        alors kdplvi <- arbre(noir)
        sinon kdplvi <- arbre(blanc)
    fin
fin
fin
```

8. Recherche des adjacences

racine :   racine de l'arbre à traiter

racin1, racin2 :   nœuds symétriques dans l'arbre

matsym :   matrice de symétrie

dimens :   dimension de l'espace

precis :   précision de calcul

depth :   profondeur de calcul

niveau :   niveau atteint dans l'arbre

mtsym2 :   copie d'une matrice de symétrie

vecsym :   vecteur de symétrie

axesym :   axe de symétrie

reste :   reste d'une division euclidienne

8.1.   Recherche des adjacences sur les objets de l'espace

procédure kdadnr(racine, matsym, dimens, precis)

début

    /* initialisation de la recherche */

    depth <- dimens*precis, niveau <- 0

    mtsym2 <- copie(matsym)

    /* bloc de calcul récursif */

    procédure kdadnr(racine, matsym, niveau)

    début

        si ((non terminal(racine) et (niveau<>depth)) alors faire

           /* recherche des adjacences issues du bloc non terminal atteint */

           succ <- lien(mtsym2)

           tant que (non nil(succ)) faire

               /* recherche des adjacences selon chaque vecteur de la matrice de symétrie */

               vecsym <- valeur(succ)

               axesym <- extraction en tête(vecsym)

               insertion en queue(vecsym,axesym)

               si (axesym) alors initialisation des symétries selon le vecteur (fils gauche(racine), fils droit(racine), lien(vecsym), dimens, niveau+1, depth)

               succ <- lien(succ)

           fin

           /* descente en profondeur dans l'arbre */

           appel kdadnr(fils gauche(racine), copie(mtsym2), niveau+1)

           appel kdadnr(fils droit(racine), copie(mtsym2), niveau+1)

        fin

        valuation de l'arbre(racine)

        destruction de la matrice(mtsym2)

    fin

fin

8.2. Initialisation de la recherche des symétries selon un vecteur de symétrie donné

<u>procédure</u> kdadis(racine1, racin2, vecsym, dimens, niveau, depth)

<u>début</u>

/* initialisation des paramètres de la recherche */

reste <- <u>mod</u>(niveau-1, dimens)

/* bloc de calcul récursif */

<u>procédure</u> kdadis(racinl, racin2, vecsym, [reste,]niveau)

<u>début</u>

<u>si</u> (((<u>non</u> terminal(racinl)) <u>ou</u> (<u>non</u> terminal(racin2))) <u>et</u> ((niveau<>depth) <u>et</u> (mod(niveau,dimens)<>reste))) <u>alors faire</u>

/* descente dans le bloc pour construire les symétries initiales */

axesym <- valeur(vecsym)

<u>si</u> (axesym) <u>alors faire</u>

/* descente selon un axe de symétrie : croisement des nœuds */

<u>appel</u> kdadis(fils droit(racin1), fils gauche(racin2), lien(vecsym), niveau+1)

<u>appel</u> kdadis(fils gauche(racine1), fils droit(racin2), lien(vecsym), niveau+1)

<u>fin</u>

<u>sinon faire</u>

/* descente orthogonale aux axes de symétrie */

<u>appel</u> kdadis(fils gauche(racin1), fils gauche(racin2), lien(vecsym) ,niveau+1)

<u>appel</u> kdadis(fils droit(racin1), fils droit(racin2), lien(vecsym), niveau+1)

<u>fin</u>

<u>fin</u>

<u>sinon</u> <u>faire</u>

/* recherche effective des adjacences */

recherche des adjacences selon un vecteur de symétrie donné (racin1, racin2, vecsym, niveau, depth)

<u>fin</u>

<u>fin</u>

<u>fin</u>

8.3. Recherche des adjacences selon un vecteur de symétrie donné

<u>procédure</u> kdadsn(racin1, racin2, vecsym, niveau, depth)

<u>début</u>

>   /* bloc de calcul récursif */
>
>   <u>procédure</u> kdadsn(racin1, racin2, vecsym, niveau)
>
>   <u>début</u>
>
>   >   <u>si</u> (((<u>non</u> terminal(racin1)) <u>ou</u> (<u>non</u> terminal(racin2)))<u>et</u> (niveau<>depth)) <u>alors faire</u>
>   >
>   >   >   /* descente dans l'arbre à la recherche des symétries */
>   >   >
>   >   >   axesym <- valeur(vecsym)
>   >   >
>   >   >   <u>si</u> (axesym) <u>alors faire</u>
>   >   >
>   >   >   >   /*descente parallèle à un axe de symétrie*/
>   >   >   >
>   >   >   >   <u>appel</u> kdadsn(fils droit(racin1), fils gauche(racin2), lien(vecsym), niveau+1)
>   >   >
>   >   >   <u>fin</u>
>   >   >
>   >   >   <u>sinon faire</u>
>   >   >
>   >   >   >   /*descente orthogonale aux axes de symétrie*/
>   >   >   >
>   >   >   >   <u>appel</u> kdadsn(fils gauche(racin1), fils gauche(racin2), lien(vecsym), niveau+1)
>   >   >   >
>   >   >   >   <u>appel</u> kdadsn(fils droit(racin1), fils droit(racin2), lien(vecsym), niveau+1)
>   >   >
>   >   >   <u>fin</u>
>   >
>   >   <u>fin</u>
>   >
>   >   <u>sinon faire</u>
>   >
>   >   >   /*précision atteinte : génération des adjacences pour les nœuds appartenant à des objets de l'espace*/
>   >   >
>   >   >   <u>si</u> ((<u>non</u> blanc(racin1)) et (<u>non</u> blanc(racin2))) <u>alors faire</u>
>   >   >
>   >   >   >   <u>si</u> (nil(valeur(racin1))) <u>alors</u> valeur(racin1) <- création d'une liste d'adjacences
>   >   >   >
>   >   >   >   mémorisation dans le nœud de l'adjacence (valeur(racin1), racin2)
>   >   >   >
>   >   >   >   <u>si</u> (nil(valeur(racin2))) <u>alors</u> valeur(racin2) <- création d'une liste d'adjacences
>   >   >   >
>   >   >   >   mémorisation dans le nœud de l'adjacence (valeur(racin2), racin1)
>   >   >
>   >   >   <u>fin</u>

144

fin

fin

fin

9. Etiquetage d'un arbre et extraction des arbres segments

racine :   racine de l'arbre étiqueté

cladjc :   liste des classes d'adjacence de l'arbre

bucket :   seau de stockage des nœuds adjacents d'une composante

cpintr   liste des points intérieurs d'une composante

filadj :   file des nœuds adjacents à un nœud

nucpst :   numéro d'une composante connexe

cpste :   composante connexe

racpst :   racine de l'arbre d'une composante (arbre segment)

filgch :   fils gauche d'un nœud

fildrt :   fils droit d'un nœud

9.1. Etiquetage des composantes connexes d'un arbre

<u>fonction</u> kdetcc(racine)

<u>début</u>

       kdetcc <-- création de la liste des composantes annexes

       recherche des classes d'adjacences (racine, kdetcc)

       étiquetage de l'arbre (kdetcc)

<u>fin</u>

9.2. Recherche des classes d'adjacences dans un arbre

procédure kdclad(racine, cladjc)

début

/* initialisation de la recherche */

bucket <-- création d'une file

/* bloc de calcul récursif */

procédure kdclad(racine [, cladjc])

début

si ((non terminal(racine)) et (nil(valeur(racine)))) alors faire

/* descente dans l'arbre à la recherche des listes d'adjacences */

appel kdclad(fils gauche(racine))

appel kdclad (fils droit(racine))

fin

sinon faire

/* liste d'adjacences trouvée */

si (non nil(valeur(racine))) alors faire

/* le nœud n'a pas été déjà examiné : c'est une nouvelle composante connexe */

cpintr <-- création d'une file

insertion en queue de la file (cladjc,cpintr)

insertion en queue de la file (bucket,racine)

analyse de la composante connexe (cpintr,bucket)

fin

fin

dévaluation de l'arbre (racine)

fin

destruction de la file (bucket)

fin

9.3. Analyse d'une composante connexe

<u>procédure</u> kdancc(cpintr,bucket)

<u>début</u>

    /* épuisement du seau des nœuds adjacents */

    <u>tant que</u> (<u>non</u> vide(bucket)) <u>faire</u>

        /* transfert d'un nœud du seau dans la composante connexe */

        racine <-- extraction en tête (bucket)

        <u>si</u> (<u>non</u> <u>nil</u> (valeur (racine))) <u>alors</u> insertion en queue de la file (cpintr, racine)

        /* scrutation des voisins du nœud transféré */

        filadj <-- valeur(racine)

        <u>tant que</u> (<u>non</u> vide(filadj)) <u>faire</u>

            /* les voisins sont versés dans le seau */

            insertion en queue (bucket, extraction en tête (filadj))

        <u>fin</u>

        destruction file(filadj)

    <u>fin</u>

<u>fin</u>

9.4. Etiquetage d'un arbre

<u>procédure</u> kdetab(cladjc)

<u>début</u>

/* scrutation des composantes connexes enregistrées dans la liste des classes d'adjacences */

nucpst <-- 0

cpste <-- lien(cladjc)

<u>tant que</u> (<u>non nil</u>(cpste)) <u>faire</u>

nucpst <-- nucpst+l

cpintr <-- valeur(cpste)

/* étiquetage de l'intérieur de la composante connexe */

<u>tant que</u> (<u>non</u> vide (cpintr)) <u>faire</u>

racine <-- extraction en tête (cpintr)

valeur(racine) <-- nucpst

<u>fin</u>

destruction de la file (cpintr)

suppression de ses références dans la structure (cpste)

cpste <-- lien(cpste)

<u>fin</u>

<u>fin</u>

9.5. Construction des arbres segments déduits des composantes connexes d'un arbre étiqueté

<u>procédure</u> kdcasg(cladjc,racine)

<u>début</u>

/* scrutation des composantes connexes enregistrées dans la liste des classes d'adjacences */

nucpst <-- 0

cpste <-- lien(cladjc)

<u>tant que</u> (<u>non nil</u>(cpste)) <u>faire</u>

/* construction de l'arbre de la composante courante */

nucpst <-- nucpst+1

racpst <-- extraction dans un arbre d'une composante connexe (racine, nucpst)

/* accrochage de l'arbre segment dans la liste des classes d'adjacence */

valeur(cpste) <-- racpst

<u>fin</u>

<u>fin</u>

9.6. Extraction dans un arbre d'une composante connexe

```
fonction kdexcc(racine,nucpst)

début

    /* bloc de calcul récursif */

    fonction kdexcc(racine[, nucpst])

    début
        si ((non terminal(racine)) et (nil(valeur(racine))))

        alors faire

            /* descente dans l'arbre à la recherche des nœuds étiquetés */

            filgch <-- kdexcc (fils gauche(racine))

            fildrt <-- kdexcc (fils droit(racine))

            kdexcc <-- réunion des nœuds (filgch, fildrt)

        fin

        sinon faire

            /*création d'un nœud noir lorsque l'étiquette du nœud correspond à la
            composante recherchée*/

            si (valeur(racine)=nucpst)

            alors kdexcc <-- arbre(noir)

            sinon kdexcc <-- arbre(blanc)

        fin

        /* remontée dans l'arbre */

        si (non terminal (kdexcc)) alors fusion (kdexcc)

    fin

fin
```

10.   Calcul de la liste des moments généralisés d'un arbre

racine :   racine de l'arbre

dimens :   dimension de l'espace de modélisation

précis :   précision de calcul

depth :   profondeur de calcul

niveau :   niveau atteint dans l'arbre

minrac :   liste des coordonnées minimum de la racine

maxrac :   liste des coordonnées maximum de la racine

{ minfil, maxfil} :   listes de coordonnées min. et max. d'un fils

nudim :   numéro de coordonnée

{nudiml, nudim2, nudim3} :   numéros de coordonnée

{x1 , x2, x3} :   valeur simple, carrée, cube d'une coordonnée

x :   coordonnée

ncoord :   numéro de la coordonnée de découpage d'un bloc

moment :   liste de moments

index :   index de calcul ou de tableau

momrac :   liste des moments de la racine

{momgch, momdrt} : listes des moments des fils gauche et droit

10.1. Calcul de la liste des moments d'un arbre

<u>fonction</u> kdmong(racine, dimens, precis)

<u>début</u>

    /*initialisation du calcul des moments*/

    {minrac, maxrac} <-- vecteur {(0.,0.,...,0.),(1.,1.,...,1.)}

    momrac <-- liste des moments de l'espace unitaire (dimens)

    valeur(racine) <-- momrac

    depth <-- precis*dimens, niveau <-- 0

    /*bloc de calcul récursif*/

    <u>procédure</u> kdmong(racine, minrac, maxrac, niveau)

    <u>début</u>

        <u>si</u> ((<u>non</u> terminal(racine)) <u>et</u> (niveau<>depth)) <u>alors faire</u>

            /* calcul des moments du nœud gauche */

            minfil <-- copie(minrac), maxfil <-- copie(maxrac)

            nudim <-- <u>mod</u>(niveau, dimens)+1

            momrac <-- valeur(racine)

            valeur(fils gauche(racine)) <-- calcul de la liste des moments filiaux (momrac, nudim, minrac(nudim), dimens)

            maxfil(nudim) <-- (minrac(nudim)+maxrac(nudim))/2.

            <u>appel</u> kdmomg(fils gauche(racine), minfil, maxfil, niveau+1)

            /*calcul des moments du noeud droit*/

            minfil <-- copie(minrac), maxfil <-- copie(maxrac)

            nudim <-- <u>mod</u>(niveau, dimens)+1

            momrac <-- valeur(racine)

            valeur(fils droit(racine)) <-- calcul de la liste des moments filiaux (momrac, nudim, maxrac(nudim), dimens)

            minfil(nudim) <-- (minrac(nudim)+maxrac(nudim))/2.

            <u>appel</u> kdmomg(fils droit(racine), minfil, maxfil, niveau+1)

            /* évaluation des moments de l'arbre lors de la remontée */

            cumul des moments filiaux (racine)

```
          fin
    fin

    /* récupération de la liste de moments */
    kdmomg <-- valeur(racine)
    valeur(racine) <-- nil
fin
```

10.2. Initialisation de la liste des moments de l'espace unitaire

<u>fonction</u> kdinmg(dimens)

<u>début</u>

    /* calcul du moment d'ordre 0 */

    kdinmg(0, 0, 0) <-- 1.

    /* calcul des moments d'ordre 1 */

    <u>pour</u> nudim1=1 <u>à</u> dimens <u>faire</u>

        kdinmg(nudim1, 0, 0) <-- 1./2.

    <u>fin</u>

    /* calcul des moments d'ordre 2 */

    <u>pour</u> nudim1=1 <u>à</u> dimens <u>faire</u>

        <u>pour</u> nudim2 = nudim1 <u>à</u> dimens <u>faire</u>

            <u>si</u> (nudim1=nudim2)

            <u>alors</u> kdinmg(nudim1, nudim2 ,0) <-- 1./3.

            <u>sinon</u> kdinmg(nudim1, nudim2, 0) <-- 1./4.

        <u>fin</u>

    <u>fin</u>

    / calcul des moments d'ordre 3 */

    <u>pour</u> nudim1 = 1 <u>à</u> dimens <u>faire</u>

        <u>pour</u> nudim2 = nudim1 <u>à</u> dimens <u>faire</u>

            pour nudim3 = nudim2 <u>à</u> dimens <u>faire</u>

                si ((nudim1=nudim2) <u>et</u> (nudim2=nudim3))

                <u>alors</u> kdinmg(nudim1, nudim2, nudim3) <-- 1./4.

                <u>sinon faire</u>

                    <u>si</u> ((nudim1=nudim2) <u>ou</u> (nudim2=nudim3))

                    <u>alors</u> kdinmg(nudim1, nudim2, nudim3) <-- 1./6.

                    <u>sinon</u> kdinmg(nudim1, nudim2, nudim3) <-- 1./8.

                <u>fin</u>

            <u>fin</u>

        <u>fin</u>

    <u>fin</u>

fin

10.3. Calcul de la liste des moments du fils d'un nœud

fonction kdclmg(moment, ncoord, x, dimens)

début

    x1 <-- x, x2 <--x1*x, x3 <--x2*x

    /* calcul du moment d'ordre 0 */

    kdclmg(0, 0, 0) <-- moment(0, 0, 0)/2.

    /* calcul des moments d'ordre 1 */

    pour nudim1=1 à dimens faire

        si (nudim1=ncoord)

        alors kdclmg(nudim1, 0, 0) <-- (moment(nudim1, 0 ,0)/4.)+ ((moment(0, 0, 0)*x1)/4.)

        sinon kdclmg(nudim1 ,0, 0) <-- moment(nudim1, 0, 0)/2.

    fin

    /* calcul des moments d'ordre 2 */

    pour nudim1 = 1 à dimens faire

        pour nudim2 = nudim1 à dimens faire

            si ((nudim1<>ncoord) et (nudim2<>ncoord))

            alors kdclmg(nudim, nudim2, 0) <-- moment(nudim1, nudim2, 0)/2.

            sinon faire

                si ((nudim1<>ncoord) ou (nudim2<>ncoord)) alors faire

                    si (nudim1<>ncoord) alors kdclmg(nudim1, nudim2, 0)

                    <-- (moment(nudim1, nudim2,0)/4.}+ ((moment(nudim1, 0, 0)*xl)/4.)

                    sinon kdclmg(nudim1 ,nudim2,0)

                    <-- (moment(nudim1, nudim2,0)/4.}+ ((moment(nudim2 ,0,0)*xl)/4.)

                fin

                sinon kdclmg(nudim1, nudim2, 0) <-- (moment(nudim1, nudim2, 0)/8.)

                + ((moment(nudim1, 0, 0)*xl)/4.}+ ((moment(0, 0 , 0)*x2)/8.)

            fin

        fin

    fin

```
/* calcul des moments d'ordre 3 */
pour nudim1=1 à dimens faire
    pour nudim2=nudim1 à dimens faire
        pour nudim3=nudim2 à dimens faire
            index <---0
            si (nudim1=ncoord) alors index <-- index+4
            si (nudim2=ncoord) alors index <-- index+2
            si (nudim3=ncoord) alors index <-- index+1
            selon (index) faire
            0 : kdclmg(nudim1, nudim2, nudim3)
                    <-- moment(nudim1, nudim2, nudim3)/2.
            1, 2, 4 : début
                    si (index=l) alors kdclmg(nudim1, nudim2, nudim3)
                    <-- (moment(nudim1, nudim2, nudim3)/4.)
                    + ((moment(nudim1, nudim2, 0)*xl)/4.)
                    si (index=2) alors kdclmg(nudim1, nudim2, nudim3)
                    <-- (moment(nudim1, nudim2, nudim3)/4.)
                    + ((moment(nudim1, nudim3, 0)*xl)/4.)
                    si (index=4) alors kdclmg(nudim1, nudim2, nudim3)
                    <-- (moment(nudim1, nudim2, nudim3)/4.)
                    + ((moment(nudim2, nudim3, 0)*xl)/4.)
            fin
```

3,5,6 : <u>début</u>

    <u>si</u> (index=3) <u>alors</u> kdclmg(nudim1, nudim2, nudim3)

    <-- (moment(nudim1, nudim2, nudim3)/8.)

    + ((moment(nudim1, nudim2, 0)*x1)/4.)

    + ((moment(nudim1 0, 0)*x2)/8.)

    <u>si</u> (index=5) <u>alors</u> kdclmg(nudim1, nudim2, nudim3)

    <-- (moment(nudim1, nudim2, nudim3)/8.)

    + ((moment(nudim2, nudim3, 0)*x1/4.)

    + ((moment(nudim2, 0, 0)*x2)/8.)

    <u>si</u> (index=6) <u>alors</u> kdclmg(nudim1, nudim2, nudim3)

    <-- (moment(nudim1, nudim2, nudim3)/8.)

    + ((moment(nudim2, nudim3, 0)*x1)/4.)

    + ((moment(nudim3, 0, 0)*x3)/8.)

<u>fin</u>

7 : kdclmg(nudim1, nudim2, nudim3)

    <-- (moment(nudim1, nudim2, nudim3)/16.)

    + ((moment(nudim1, nudim2, 0)*x1)*(3./16.))

    + ((moment(nudim1 ,0, 0)*x2)*(6./32.))

    + ((moment(0, 0, 0)*x3)/16.)

<u>fin</u>

<u>fin</u>

<u>fin</u>

<u>fin</u>

<u>fin</u>

10.4. *Cumul des moments des fils d'un nœud*

<u>procédure</u> kdcumg(racine)

<u>début</u>

/* récupération des listes des moments du père et de ses fils */

momrac <-- valeur(racine)

momgch <-- valeur(fils gauche(racine))

momdrt <-- valeur(fils droit(racine))

/*scrutation des trois listes et cumul des moments filiaux dans ceux du père*/

<u>pour</u> index = 0 <u>à</u> (C^1_{dimens} + C^2_{dimens} + C^3_{dimens}) <u>faire</u>

<u>si</u> (blanc(fils gauche(racine))) <u>alors</u> momgch(index) <-- O.

<u>si</u> (blanc(fils droit(racine))) <u>alors</u> mondrt(index) <-- O.

momrac(index) <-- momgch(index) + momdrt(index)

<u>fin</u>

/*dévaluation des fils de la racine*/

destruction liste(momgch)

destruction liste(momdrt)

valeur (fils gauche(racine)) <-- nil

valeur (fils droit(racine)) <-- nil

<u>fin</u>

11.   Centrage et normalisation d'une liste de moments généralisés

moment :   liste de moments à traiter

momnor :   liste de moments normalisés

matrot :   matrice de rotation généralisée en coordonnées homogènes

dimens :   dimension de l'espace de modélisation

nudim :   numéro de coordonnée

nudim1 :   numéro de la première coordonnée

nudim2 :   numéro de la seconde coordonnée

nudim3 :   numéro de la troisième coordonnée

vectr :   vecteur du centre de gravité

hypvol :   volume de l'arbre

matsym :   matrice d'inertie extraite de la liste des moments

matvpr :   matrice des vecteurs propres du repère propre de l'arbre

11.1. Génération de la liste centrée d'une liste de moments

```
fonction kdctrm(moment, dimens)
début
      /* évaluation du volume de l'arbre */
      hypvol <-- moment(0 ,0, 0)
      /* mémorisation du volume */
      kdctrm(0, 0 ,0) <-- hypvol
      /* évaluation du centre de gravité */
      pour nudim1=1 à dimens faire
            kdctrm(nudim1, 0, 0) <-- moment(nudim1, 0, 0)/hypvol
            vectr(nudim1) <-- kdctrm(nudim1, 0, 0)
      fin
      /* centrage des moments d'ordre2 */
      pour nudim1=1 à dimens faire
            pour nudim2=nudim1 à dimens faire
                  kdctrm(nudim1, nudim2, 0) <-- moment(nudim1, nudim2, 0)
                  - (vectr(nudim2)*moment(nudim1, 0, 0))
                  - (vectr(nudim1)*moment(nudim2, 0, 0))
                  + (vectr(nudim1)*vectr(nudim2)*hypvol)
                  kdctrm(nudim1, nudim2, 0)
                  <-- kdctrm(nudim1, nudim2, 0)/hypvol
      fin
fin
```

```
/* centrage des moments d'ordre 3 */
pour nudim1=1 à dimens faire
     pour nudim2=nudim1 à dimens faire
          pour nudim3=nudim2 à dimens faire
               kdctrm(nudim1, nudim2, nudim3)
               <-- moment(nudim1, nudim2, nudim3)
               - (vectr(nudim3)*moment(nudim1, nudim2, 0))
               - (vectr(nudim2)*moment(nudim1, nudim3, 0))
               - (vectr(nudim1)*moment(nudim2, nudim3, 0))
               + (vectr(nudim2)*vectr(nudim3)*moment(nudim1, 0, 0))
               + (vectr(nudim1)*vectr(nudim3)*moment(nudim2, 0, 0))
               + (vectr(nudim1)*vectr(nudim2)*moment(nudim3, 0, 0))
               - (vectr(nudim1)*vectr(nudim2)*vectr(nudim3)*hypvol)
               kdctrm(nudim1, nudim2, nudim3)
               <-- kdctrm(nudim1, nudim2, nudim3)/hypvol
          fin
     fin
fin
fin
```

11.2. Génération de la liste normalisée des moments et de la matrice de rotation

```
procédure kdnrmr(moment, momnor, matrot, dimens)
début
      /* recopie du volume et des coordonnées du centre de gravité */
      momnor(0, 0, 0) <-- moment(0, 0, 0)
      pour nudim1=1 à dimens faire
           momnor(nudim1, 0, 0) <-- moment(nudim1, 0, 0)
      fin
      /* construction et diagonalisation de la matrice d'inertie */
      pour nudim1=1 à dimens faire
           pour nudim2=nudim1 à dimens faire
                matsym(nudim1, nudim2) <-- moment(nudim1, nudim2, 0)
           fin
      fin
      calcul des vecteurs et des valeurs propres(matsym, matvpr, dimens)
      /* calcul des axes d'inertie */
      pour nudim=1 à dimens faire
           momnor(nudim, nudim, 0) <-- matsym(nudim, nudim)
      fin
```

```
/* calcul des asymétries */
pour nudim=1 à dimens faire
        momnor(nudim, nudim, nudim) <-- O.
        pour nudim1=1 à dimens faire
                pour nudim2=1 à dimens faire
                        pour nudim3=1 à dimens faire
                                momnor(nudim, nudim, nudim)
                                <-- momnor(nudim, nudim, nudim)
                                + (moment(nudim1, nudim2, nudim3)
                                *matvpr(nudim ,nudim1)
                                *matvpr(nudim, nudim2)
                                *matvpr(nudim, nudim3))
                        fin
                fin
        fin
        /* réduction de la dimensionnalité de l'asymétrie */
        momnor(nudim ,nudim, nudim)
        <-- racine cubique(momnor(nudim ,nudim, nudim))
fin
matrot <-- conversion en coordonnées homogènes de la matrice (matvpr)
fin
```

11.3. Génération de la liste normalisée des moments

<u>fonction</u> kdnrmg(moment, dimens)

Cette fonction est identique à kdnrmr, excepté que :

- on ne récupère pas la matrice de rotation généralisée ;
- l'indéterminée sur le sens des vecteurs propres est levée rendant les asymétries positives.

12.   Génération d'un arbre propre

racine :   racine de l'arbre à transformer

momnor :   liste des moments centrés, réduits de l'arbre

matrot :   matrice de rotation associée au repère propre

dimens :   dimension de l'espace modélisé

prec1 :   précision d'analyse

prec2 :   précision de calcul

nudim :   numéro de coordonnée

vect :   vecteur de travail

{mdtr, mitr }   matrices directe et inverse de translation

{mdan, mian} :   matrices directe et inverse d'homothétie

{mdcr, micr} :   matrices directe et inverse de centrage de la rotation

mirt :   matrice inverse de rotation

{mart ,mtra} :   matrices directe et inverse de transformation

 {polesp, minesp, maxesp} :   polyèdre de l'espace unitaire

{ polyed, minhyp, maxhyp} :   polyèdre de la transformation

abrhom :   transformée homogène de l'arbre

tabsym :   table de symétries (signature du repère propre)

vecsym :   vecteur de symétrie

12.1. Génération de l'arbre propre d'un arbre

<u>fonction</u> kdabpr(racine, momnor , matrot, dimens, precl, prec2)

<u>début</u>

    /* construction de la matrice directe de translation */

    <u>pour</u> nudim=1 <u>à</u> dimens <u>faire</u>

        vect(nudim) <-- 0.5-momnor(nudim, 0, 0)

    <u>fin</u>

    mdtr <-- matrice de translation(vect)

    /* calcul de la matrice directe d'homothétie */

    <u>pour</u> nudim=1 <u>à</u> dimens <u>faire</u>

        vect(nudim) <--1./(momnor(1, 1, 0)*6.)

    <u>fin</u>

    mdan <-- matrice d'anamorphose (vect)

    /* calcul de la matrice de centrage de la rotation */

    <u>pour</u> nudim=1 <u>à</u> dimens <u>faire</u>

        vect(nudim) <-- 0.5

    <u>fin</u>

    mdcr <-- matrice de translation (vect)

    micr <-- opposée(mdcr)

    /* calcul de la matrice directe de transformation */

    mart <-- concaténation des matrices (mdan, mdcr, matrot, micr, mdtr)

    /* calcul des matrices inverses */

    mian <-- inverse(mdan)

    mirt <-- transposée(matrot)

    mitr <-- opposée(mdcr)

    /* calcul de la matrice inverse de transformation */

    mtra <-- concaténaton des matrices(mitr, mdcr, mirt, mian, micr)

    /* construction du polyèdre de la transformation à partir de la matrice inverse */

    polesp <- polyèdre défini par ses sommets de l'espace unitaire (dimens)

    polyed <-- transformé du polyèdre (polesp, mtra)

/* construction des hyperplans minorants et majorants du polyèdre de la transformation à partir de la matrice directe */

{minesp,maxesp} <-- polyèdre défini par ses faces de l'espace unitaire(dimens)

{minhyp,maxhyp} <-- transformés des plans ({minesp, maxesp}, mart)

/* génération de l'arbre propre */

abrhom <-- transformé homogène d'un arbre (racine, polyed, minhyp ,maxhyp, dimens, prec1, prec2)

/* évaluation de la signature du repère propre */

pour nudim=1 à dimens faire

        si (momnor(nudim, nudim ,nudim)<0.)

        alors tabsym(nudim) <-- vrai

        sinon tabsym(nudim) <-- faux

fin

/*retournement de l'arbre propre*/

vecsym <-- vecteur logique (tabsym)

kdabpr <-- symétrique de l'arbre(arbrhom, vecsym, dimens, prec2)

fin

12.2. Génération de l'arbre propre d'un arbre (version rapide)

<u>fonction</u> kdaprr(racine, momnor, matrot, dimens, precl, prec2)

Cette fonction est identique à kdabpr, excepté que :

- la transformation homogène de l'arbre est remplacée par sa version rapide.